《精细养猪指南》编写人员

编　　著　徐士清　顾建国
编写人员　（按姓氏笔画排序）
　　　　　仇志军　龙游县大约克种猪试验场
　　　　　张红良　衢州市衢江区巨北畜禽养殖场
　　　　　林纯洁　浙江灯塔种猪有限公司
　　　　　周志平　杭州灯塔养殖总场
　　　　　顾建国　杭州灯塔养殖总场
　　　　　顾海华　杭州灯塔养殖总场
　　　　　徐士清　浙江省农业科学院
　　　　　翁宝松　龙游县大约克种猪试验场

精细养猪指南

JINGXI YANGZHU ZHINAN

⊙徐士清　顾建国　编著

浙江科学技术出版社

图书在版编目(CIP)数据

精细养猪指南 / 徐士清,顾建国编著. —杭州:浙江科学技术出版社,2013.10
ISBN 978-7-5341-5785-1

Ⅰ.①精… Ⅱ.①徐… ②顾… Ⅲ.①养猪学—指南 Ⅳ.①S828-62

中国版本图书馆CIP数据核字(2013)第225655号

书　名	精细养猪指南
编　著	徐士清　顾建国
出版发行	浙江科学技术出版社 杭州市体育场路347号　邮政编码:310006 办公室电话:0571-85062601 销售部电话:0571-85171220 网　址:www.zkpress.com E-mail:zx@zkpress.com
排　版	杭州大漠照排印刷有限公司
印　刷	杭州富阳正大彩印有限公司
开　本	880×1230　1/32　　印　张　5.375
字　数	150 000
版　次	2013年10月第1版　　2013年10月第1次印刷
书　号	ISBN 978-7-5341-5785-1　定　价　15.00元

版权所有　翻印必究

(图书出现倒装、缺页等印装质量问题,本社负责调换)

责任编辑　詹　喜　李亚学		责任美编　金　晖
责任校对　张　宁		责任印务　徐忠雷

序

我国有5000多年的养猪历史,而且品种资源丰富。我国又是世界养猪大国,2011年末生猪存栏数为4.76亿头,占世界生猪总存栏数的一半以上,猪肉产量为5053万吨,居世界首位,但我国的养猪生产水平却不高,经济效益欠佳。虽然当前我国养猪业正在实行改革,力争走出传统分散的养猪模式,但是若要开创规模化、集约化、标准化的现代养猪产业新局面,追赶世界养猪先进水平,尚需较长时间。

十多年来,一些世界养猪先进国家正在跟随精细农业的步伐,试行精细养猪新模式。这是一种吸收现代多个领域的先进技术,使养猪生产过程提升到智能化、定量化程度的崭新的养猪生产模式和技术体系,可引导生产者根据不同季节、不同地理条件、猪的不同发育阶段,适时、适量实施饲养管理、防疫卫生、控温、饮水、换气等生产环节,使养猪生产达到高产、优质、高效和可持续发展的喜人效果。

目前我国精细养猪尚处于学习和试用阶段,至今还缺乏一套适合我国国情的理论、技术体系和提供技术设施的社会服务体系,因此要达到世界先进水平尚需做很多工作。徐士清先生等编著的《精细养猪指南》的出版将会起到"及时雨"的作用。我粗略拜读本书,深感这是一本很值得一读的好书。

徐士清先生是我国著名的养猪专家,是浙江省农业科学院畜牧兽医研究所研究员,曾任浙江省畜牧兽医学会理事长,为国务院政府特殊津贴获得者。1958年他自南京农学院(现南京农业大学)畜牧专业毕业后,一直从事养猪生产、猪的遗传育种、繁殖生理和肉质的研究与实践,历时50余年,具有丰富的理论知识、生产实践经验和科研经历。即使在1996年退休后,他仍然奋战在种猪企业、农村养猪企业和送科技下乡一线以及实验室工作中,担负着技术指导、顾问与相关组织工作,为我国养猪业的发展做出了突出贡献。他于2006年被评为"全国先进老科技工作者",2007年荣获中国畜牧兽医学会养猪学分会颁发的"中国改革开放养猪30年终生荣誉奖"。他一共承担省、部级科研课题10项,获国家、省部级奖项10项,他撰写的专著共获得全国或华东地区优秀科技图书奖5项。

我认为正是有了徐先生的上述经历,才使得本书具有以下显著特点:一是内容丰富,非常贴近生产实际,以规模化、标准化猪场生产中常遇到的问题作为重点,前瞻性地介绍、总结了一些新经验、新技术和发展趋势;二是在文字表达上,写得具体、开门见山、通俗易懂,穿插的公式都列有切合实际的运算范例,引用的表格与重要资料都注明了来源。相信本书的出版发行将对发展我国精细养猪事业起到积极的推动作用。

华中农业大学教授
原中国畜牧兽医学会
动物数量遗传学分会副理事长

前言

世界农业经历了原始农业时期、古代农业时期和近代农业时期后,到20世纪80年代初,一些先进国家已先后步入了以精细农业(precision agriculture)为标志的现代农业发展阶段。所谓精细农业,或称精确农业、数字农业,是一种吸取现代先进技术(包括计算机软件、信息科学、电子科学、传感器技术、智能设备研制等领域的一些科研成果,近年来又吸取了航天技术——全球实时动态定位系统)使农业生产过程提升到智能化、精确化的先进农业生产模式和技术体系。它可指导生产者根据不同地区、不同地形以及作物不同生产阶段进行适时、适量地浇水,施用化学品、杀虫剂、除草剂等,以获取农业生产高产、优质、高效和可持续发展的喜人效果。自20世纪90年代以来,世界上已有几十个国家和地区开展了精细农业方面的研究和示范试验,发源地美国于1995年就有约5%的作物面积不同程度地应用了精细农业生产模式。养猪是农业的一个重要组成部分,精细农业的发展必然带动世界养猪业向着精细养猪的方向迈进。

我国大约于1994年从美国引进精细农业方面的技术知识,并已在基础研究、引进技术、试验示范等方面进行了一些探索,也取得了一些经验和成绩,但我国农业总的来说仍处于传统农业向现代农业转变的过程中,要想实践这种新的生产模式尚需较长的时间。我国的养猪生产也处于由规模化养猪向机械化养猪的转变阶段,尽管机械化养猪可为发展精细养猪奠定基础,但由于社会和技术等因素影响,要想全面实践精细养猪体系也不是一朝一夕的事。可喜的是近几年我国已有几位学者开始宣传精细养猪的理念,从"宏观的精细"和"微观的精细"两部分概括地介绍了精细养猪技术,如山东省临沂市兰山区畜牧兽医局王孝志等在《猪业科学》杂志上发表了《科学养猪新理念》一文,其中有一节简单谈到"精细化养猪理念",只是他们都还没有涉及数量化养猪的程度。鉴于精细养猪是世界养猪业发展的必由之路,其今后的发展速度将会突飞猛进,甚至有人预言:在21世纪中期精细养猪生产模式所需的技术和装备将会出现日新月异的景象,有关新兴产业也会得到快速发展,因此,社会和科技的发展将会缩短精细养猪到来的时间。

精细养猪与精细农业一样,其最基础的工作是数学计算,只有通过数学计算才能实施各个生产环节的精细操作,才能实现生产过程的标准化、规范化和智能化,才能全面实现生产的增产节约和增收增效。美国有报道称,实施精细农业每年可使美国农民的杀虫剂和化肥的使用量减少10%以上,即每公顷可节约4.94～37.1美元的生产成本,而不影响农作物产量。在养猪方面,经产母猪使用自动化母猪饲喂系统的统计结果表明,母猪平均年产胎次增加到2.4胎,平均胎产活仔数达到12.32头,平均年产断乳仔猪数达26.83头,平均返情率下降到7.4%,母猪利用年限平均提高1.5年。由此可以预见,如果全面实践精细养猪生产模式,其效益将十分可观。笔者从事养猪研究和生产指导40余年,在工作中也深切感受到:要使我国养猪效益再上一个台阶,必须走数字化的道路。根据这个观念,笔者在美国精细农业的启发下,根据自己的工作经验,整理出了养猪生产中的一些必须革新的生产环节,再从现有已出版的专业图书上精选了许多公式进行配套,使其中大多数环节能够通过计算实现数量化操作。笔者对书中所引用的公式都进行了试用验证,证明有效才选用,对少数公式的部分参数还进行了适当调整,以使计算结果更符合生产实际情况。为了使读者能在生产中顺利应用这些公式,笔者在编写过程中还对每个公式都插入了贴近生产实际的例题并进行演算示范（经营管理方面的公式由于比较简单，未举例），其中有些例子的演算结果可供生产者直接参考应用。笔者在编写过程中将主要参考资料都列入到了参考文献中，对引用的表格也注明了来源，以利于读者查询原始资料。希望本书的出版能对我国的精细养猪事业起到积极的推动作用。

鉴于精细养猪业与精细农业一样，是一种综合应用现代先进科学技术的崭新的生产模式和技术体系，涉及的新学科较多，笔者深感科学知识和实践经验不足，所以本书内容在广度和深度上都还很不够，离精细养猪的实际要求还存在一段距离，甚至还可能出现一些缺点和不足。因此，本书的出版只是抛砖引玉，还恳请同仁们赐教和指正，更希望大家能够继续撰写和出版这方面的好书，共同推进我国精细养猪事业的发展。

最后，借本书出版的机会，对东北农业大学陈润生教授的悉心指导、对华中农业大学彭中镇教授为本书作序并对本书"五、充分发挥经济杂交在提高养猪经济效益中的作用"部分内容提出宝贵修改意见、对浙江科学技术出版社编辑的热情帮助、对为本书封面提供宝贵照片的杭州灯塔大型养殖公司以及为本书编写提供过资料和帮助的同志表示衷心感谢！同时，也对笔者曾引用过资料和公式的所有原作者致以诚挚谢意。

作　者
2013年6月

目录

一、猪场建造 ……………………………………………………… 1
  (一)现代化万头商品猪场生猪合适存栏头数、合理猪群结构、所需栏位数与猪舍幢数的计算 ………………………………… 1
  (二)一个万头猪场所需要的土地面积、机电设备和基建投资的估算 ……………………………………………………………… 12
  (三)猪舍最佳朝向的确定 …………………………………… 14
  (四)各种猪舍的建筑特征 …………………………………… 16
  (五)猪舍建筑面积利用系数和猪舍门窗有效采光系数的计算 …………………………………………………………………… 17
  (六)不同体重猪的自动饮水器安装高度和漏缝地板缝隙的合适宽度 …………………………………………………………… 19
  (七)万头猪场常用通风降温和保温设备的规格 …………… 21

二、创造和维护猪的良好生长环境 ……………………………… 22
  (一)各种猪的合理饲养密度 ………………………………… 22
  (二)各种猪舍环境温度的调控 ……………………………… 24
  (三)各种猪舍相对湿度的调控 ……………………………… 28
  (四)冬季密闭饲养条件下每天需要通风换气时间的计算 … 33
  (五)猪舍夏季自然通风最小通风开口(管口)面积和降温所需风扇台数的计算 …………………………………………………… 40
  (六)自然通风情况下通风量的计算 ………………………… 42
  (七)供给充足、安全的饮用水 ……………………………… 45
  (八)一个万头猪场一天粪尿排泄量的估计 ………………… 50
  (九)驱除蚊蝇方法介绍 ……………………………………… 52
  (十)环境绿化 ………………………………………………… 54

三、科学的饲养管理 ································ 56
 (一)各种猪的日粮摄入量的估算 ················ 56
 (二)利用饲料化学成分分析数据估计各类饲料消化能 ···· 64
 (三)采用猪的理想蛋白质和氨基酸真消化率配制日粮配方 ·· 66
 (四)精细化猪群管理 ························· 71
 (五)哺乳仔猪适期断乳 ······················· 71
 (六)活猪体重的估算和肉猪屠宰适期的确定 ········ 74
 (七)肉猪胴体瘦肉率的估算 ···················· 75
 (八)若干养猪先进设备和先进经验简介 ············ 77

四、正确掌握繁殖技术 ································ 87
 (一)青年母猪的配种适龄 ····················· 87
 (二)母猪发情的适宜观察期和识别方法 ············ 88
 (三)母猪适时配种 ··························· 90
 (四)发情期内适宜的配种次数 ·················· 94
 (五)公猪的性成熟期、体成熟期和开始使用的年龄 ····· 94
 (六)公猪一个月内合理交配(或采精)的次数 ········ 95
 (七)精液质量优劣的鉴别 ····················· 95
 (八)精液的稀释倍数和一次需给母猪的输精量或精子数 ·· 97

五、充分发挥经济杂交在提高养猪经济效益中的作用 ······· 99
 (一)杂种优势的概念和杂种优势率的估算 ·········· 99
 (二)获得杂种优势的若干规律 ·················· 100
 (三)杂交亲本的选择 ························· 101
 (四)育肥猪经济杂交方式与杂交组合的选择 ········ 106
 (五)建立完善的杂交繁育体系 ·················· 119

六、精心经营,增产节约 ····························· 125
 (一)制订周密的年度生产计划 ·················· 125
 (二)建立养猪生产责任制 ····················· 126

(三)实行猪场的经济核算 …………………………………… 127
(四)企业盈亏平衡分析方法的应用 ……………………… 137
(五)提高饲料利用率 …………………………………… 139
(六)运用边际分析法预测单位要素投入的单位产品产出效果 … 140
(七)优化猪群结构,争取最大利润 ………………………… 142

附 录 ……………………………………………………… 149

参考文献 ………………………………………………… 154

一、猪场建造

(一)现代化万头商品猪场生猪合适存栏头数、合理猪群结构、所需栏位数与猪舍幢数的计算

建一个猪场首先要确定饲养存栏猪的数量和各猪群的合理比例,这是建场的前提。在实施流水线生产工艺的条件下,各猪群的存栏头数、栏位数及猪舍幢数的计算方法有三种,第一种是陈润生教授介绍的方法(表格法),第二种是范树祥先生介绍的方法,第三种是陈国宇、米文正等先生介绍的方法,现分别介绍如下。

1. 第一种方法——陈润生教授介绍的方法

(1)合适存栏头数、合理猪群结构的计算。

假设:某猪场年售商品猪 1 万头,采用五段流水式生产线工艺(待配母猪、怀孕母猪、哺乳母猪、保育猪、育肥猪),母猪的繁殖节律期为 7 天。试问为保证顺利运行五段流水式生产线,各猪群合理的饲养头数应是多少?

各生产猪群的合适存栏头数(合理猪群结构)的计算步骤如下:

1)设定有关生产参数。

设定生产参数是计算各猪群合理存栏头数的前提。生产参数应取自本场近三年生产数据的平均数,还应参考兄弟场的生产数据,以确保其具有真实性、代表性。在设定参数时宁多勿少,以供今后查考之用。笔者所选生产参数列于表 1-1。

表 1-1 计算合理猪群结构所需的生产参数

项目	参数值	备注
母猪人工授精一次的受胎率	85%	初产、经产统算
母猪年产胎次	2.1 胎	
两胎间隔期	163 天	包括全进全出过程中猪栏消毒期共 14 天
生产母猪年产 28 日龄断乳仔猪头数	19 头	初产、经产统算
每头生产母猪年产肉猪头数	17.5 头	初产、经产统算
哺乳期仔猪死亡率	3.0%	按年平均算
保育猪死亡率	2.0%	按年平均算
育肥猪死亡率	1.0%	按年平均算
肉猪从出生到出售全程死亡率	5.0%	
母猪全年死亡率	5.0%	
后备种猪死亡率	1.0%	
生产母猪年更新率(含年死亡率 1.0%)	25%	
可配公猪年更新率(含年死亡率 1.0%)	30%	
母猪怀孕期	114 天	
母猪哺乳期	28 天	
母猪断乳到配种受胎的间隔天数	7 天	
仔猪保育期饲养天数	35 天	
肉猪饲养期	105 天	
生产母猪饲养头数的保险系数	2.0%	考虑病、死、不育等因素
可配公猪饲养头数的保险系数	10.0%	考虑病、死、不育等因素
1 头可配公猪承担配种母猪头数	25 头(自然交配)	按人工授精为 100 头计
后备母猪选种率	50%	
后备公猪选种率	30%	

注:上表的各项参数值是假设的,仅供参考,读者可根据自己猪场的实际情况进行修正。

2)计算能繁种猪群和后备种猪群的合理饲养头数。

①生产母猪饲养头数的计算。生产母猪饲养头数的计算公式如下:

$$SFH=[YSHH\times(1+HDR)\div(YPHH/S)]\times(1+YSDR)$$

(公式 1-1)

式中:SFH 是生产母猪饲养头数;$YSHH$ 是计划年出栏商品肉猪头数;HDR 是肉猪全程死亡率;$YPHH/S$ 是平均每头母猪年产肉猪头数;$YSDR$ 是母猪全年死亡率。

从表 1-1 中引用对应参数,代入公式进行如下计算。

计划年饲养母猪头数 $=[10000\times(1+5.0\%)\div17.5]\times(1+5.0\%)=630$(头)

因此,这个万头猪场常年需饲养母猪 630 头。

②可配公猪饲养头数的计算。可配公猪饲养头数的计算公式如下:

$$BFH=(SFH\div BMSH)\times(1+YBH)\times(1+YBIR)$$

(公式 1-2)

式中:BFH 是饲养可配公猪头数;SFH 是生产母猪饲养头数;$BMSH$ 是每头可配公猪年配种母猪头数;YBH 是可配公猪年死亡率;$YBIR$ 是可配公猪饲养头数的保险系数。

从表 1-1 中引用对应参数,代入公式进行如下计算。

可配公猪饲养头数 $=(630\div25)\times(1+1.0\%)\times(1+10.0\%)\approx28$(头)

因此,这个万头猪场常年需饲养可配公猪 28 头。

③后备母猪饲养头数的计算。后备母猪饲养头数的计算公式如下:

$$GSFH=(SFH\times SYRR\div SBR)\times(1+GSDR) \quad (公式 1-3)$$

式中:$GSFH$ 是后备母猪饲养头数;SFH 是生产母猪饲养头数;$SYRR$ 是生产母猪年更新率;SBR 是后备母猪选种率;$GSDR$ 是后备母猪死亡率。

从表 1-1 中引用对应参数,代入公式进行如下计算。

后备母猪饲养头数 $=(630\times25\%\div50\%)\times(1+1.0\%)$
$=318.15\approx318$(头)

因此,初选时需留小母猪 318 头,在培育过程中淘汰两次,选种率为 50%,最后留下 159($318\times50\%=159$)头更替生产母猪。

④后备公猪饲养头数的计算。后备公猪饲养头数的计算公式如下:

$$GBFH=(BFH\times BYRR\div BBR)\times(1+GBDR) \quad (公式1-4)$$

式中:$GBFH$ 是后备公猪饲养头数;BFH 是可配公猪饲养头数;$BYRR$ 是可配公猪年更新率;BBR 是后备公猪选种率;$GBDR$ 是后备公猪死亡率。

从表1-1中引用对应参数,代入公式进行如下计算。

后备公猪饲养头数 $=(28\times30\%\div30\%)\times(1+1.0\%)=28.28\approx28(头)$

因此,初选时需留小公猪28头,在培育过程中淘汰两次,选种率为30%,最后留下 $8(28\times30\%=8.4\approx8)$ 头用以更替可配公猪。

3)确定一个繁殖节律期(7日制)的母猪配种头数。一个繁殖节律期的母猪配种头数的计算公式如下:

$$RMSH=SFH\times YSVA\div YWN\div SCR \quad (公式1-5)$$

式中:$RMSH$ 为一个繁殖节律期的母猪配种头数;SFH 为生产母猪饲养头数;$YSVA$ 为一头生产母猪年产胎次;YWN 为一年中繁殖节律期(7日制)的个数,即一年365天有52个繁殖节律期(7日制);SCR 为生产母猪的受胎率。

从表1-1中引用对应参数,代入公式进行如下计算。

一个繁殖节律期的母猪配种头数 $=630\times2.1\div52\div85\%$
$$\approx29.93\approx30(头)$$

因此,每天配种母猪的头数为
$$30\div7\approx4.29\approx4.0(头)$$

4)计算各生产猪群存栏头数和全场饲养总头数。猪存栏总头数的计算公式如下:

$$PSTH=\sum_{i=1}^{k}(FUN_i\times USH_i) \quad (公式1-6)$$

式中:$PSTH$ 是猪存栏总头数;$\sum$ 是连加符号,指把从第 i 种猪的存栏头数到第 k 种猪的存栏头数全部累加起来;FUN_i 是第 i 种猪饲养期的单元数;USH_i 是第 i 种猪每个单元的存栏头数。

为了计算方便,根据计算公式要求列出一张计算表,具体计算见表1-2。

表 1-2 各猪群的存栏头数计算表

猪群名称(i)	饲养期/天	单元数（即繁殖节律期个数，FUN_i）	每单元存栏头数（USH_i）/头	一个饲养周期合计存栏头数（$FUN_i \times USH_i$）/头
种公猪	365	—	28	28
后备公猪	175	—	28	一批饲养 14 头，精选 4 头（上下半年两批，共 8 头）
后备母猪	175	—	318	一批饲养 159 头，精选 79.5 头（上下半年两批，共 159 头）
待配母猪	7	1	30	30
怀孕母猪	114	17	26 [30（待配母猪头数）×85%（受胎率）×99%（存活率）]	442
哺乳母猪	28	4	26 [26（怀孕母猪头数）×99%（存活率）]	104
乳仔猪	28	4	240 [26（哺乳母猪头数）×9.5（胎产活仔数）×97%（成活率）]	960
保育仔猪	35	5	235 [240（乳仔猪头数）×98%（成活率）]	1175
育肥猪	112	16	233 [235（保育猪头数）×99%（成活率）]	3728
病猪、淘汰猪	全年不断	—	—	35（预计）
生产母猪存栏头数	—	—	—	576（待配母猪＋怀孕母猪＋哺乳母猪）

续表

猪群名称(i)	饲养期/天	单元数(即繁殖节律期个数,FUN_i)	每单元存栏头数(USH_i)/头	一个饲养周期合计存栏头数($FUN_i \times USH_i$)/头
生长育肥猪存栏头数	—	—	—	4903(保育仔猪+育肥猪)
总存栏头数 $[\sum_{i=1}^{k}(FUN_i \times USH_i)]$	—	—	—	6640

注:1. 表中以一个母猪繁殖节律期7天作为一个单元。

2. 因种公猪和后备猪不参加流水生产线,所以没有繁殖节律期,也就没有单元数。

根据以上设定参数计算结果,一个现代化万头商品猪场的合适存栏头数和其合理的猪群结构(按一个饲养周期存栏头数计算),在正常运转情况下应为种公猪28头、后备公猪8头、后备母猪159头、待配母猪30头、怀孕母猪442头、哺乳母猪104头、哺育仔猪960头、保育仔猪1175头、育肥猪3728头,总存栏头数为6640头(包括乳仔猪头数,但未包括病猪、淘汰猪的头数)。此外,种猪群尚需要有合适的年龄结构,一般情况下成年母猪要求1~2岁的约占35%,2~4岁的约占60%,4岁以上的约占5%;公猪群要求1~2岁的约占80%,3岁的约占20%。

(2)各生产猪群单个猪栏面积的计算。以地面养猪为例,根据各种猪的最小占地面积和一个猪栏容猪头数估计,各种猪较适宜的猪栏面积如下:

公猪:栏面积为8~9米^2,高为1.2米。空怀和怀孕母猪:栏面积为6~7米^2,高为1.0米。保育仔猪和育成猪:一般采用高床金属网床饲养,保育栏面积为12~15米^2,高为0.6米;育成猪的栏面积要比保育仔猪栏稍大一些,为15~20米^2,高为1.0米。育肥猪:栏面积为15~20米^2,高为1.0米。怀孕和哺乳母猪:目前都采用金属笼定位饲养,怀孕母猪栏面积为1.32米^2,哺乳母猪栏面积为

4.4米^2。但猪栏面积尚应根据猪舍结构(如平地式、栅栏式、综合式)和猪栏在猪舍内的布局(如单列式、双列式等)进行适当调整。

(3)各生产猪群所需栏位数、猪栏个数及猪舍幢数的计算。

1)栏位数的计算。流水式生产工艺能否畅通实施,很大程度上取决于各猪群间的栏位数是否构成合理的比例。在计算栏位数时除了要考虑各生产猪群实际饲养期外,还要考虑猪舍的消毒、维修以及机动备用期等所需时间,以免在生产线运行中发生各生产猪群间的栏位数失调问题。根据表1-2中每单元内的存栏头数乘以单元数所求得的各生产猪群所需栏位数列于表1-3。

表1-3 各生产猪群栏位需要量

猪群名称	饲养期/天	消毒时间/天	备用时间/天	合计占栏天数/天	单元数(占栏天数/繁殖节律期7天)	单元内存栏头数/头	栏位数(单元数×单元内存栏头数)
种公猪	365	—	—	365	1(全年一批)	28	28
后备公猪	175	7	—	182	2(一年两批)	4(精选后)	8
后备母猪	175	7	—	182	2(一年两批)	79.5(精选后)	159
待配母猪	7	7	7	21	3	30	90
空怀母猪(乏情、返情等)	28	7	7	42	6	24	144
怀孕母猪	105	7	7	119	17	26	442
哺乳母猪	28	7	7	42	6	26	156
保育仔猪	35	7	14	56	8	235	1880
育肥猪	112	7	14	133	19	233	4427

续表

猪群名称	饲养期/天	消毒时间/天	备用时间/天	合计占栏天数/天	单元数(占栏天数/繁殖节律期7天)	单元内存栏头数	栏位数(单元数×单元内存栏头数)
病猪、淘汰猪	14	7	7	28	4	35	140
隔离观察外购种猪	28	7	14	49	7	15	105

注：1. 怀孕母猪饲养期原为114天，由于怀孕母猪要提前7～9天进产房待产，所以饲养期变为105天。

2. 病猪和隔离观察种猪的头数为估计数，各场在实施中可根据实际情况进行调整。

3. 单元内存栏头数的数据基本引自表1-2。

2) 猪栏个数和猪舍幢数的计算。现将各生产群所需猪栏个数的计算方法介绍如下：

根据以上求得各种猪的栏位数后，再知道各类猪的猪栏容猪量，即可求得各猪群所需的猪栏个数。各种猪所需猪栏个数除以每幢猪舍含有的猪栏个数即得各种猪群所需的猪舍幢数，具体计算方法见表1-4。

表1-4 各生产猪群所需猪栏个数及猪舍幢数

猪群名称	单元内存栏头数/头	栏位数/头	每个猪栏的面积/米²	每个猪栏容猪头数/头	每幢猪舍内猪栏个数	各猪群需要的猪栏个数(栏位数/每个猪栏容猪头数)	各猪群需要猪舍幢数(猪栏个数/每幢猪舍内猪栏个数)
种公猪	28	28	9	1	17（单列舍）	28	1.65≈2.0
后备公猪	8	8	7	2	22（单列舍）	4	0.18（拼入公猪舍）
后备母猪	159	159	7	6	38（双列舍，下同）	26.5≈27	0.71≈1.0

续表

猪群名称	单元内存栏头数/头	栏位数	每个猪栏的面积/米²	每个猪栏容猪头数/头	每幢猪舍内猪栏个数	各猪群需要的猪栏个数（栏位数/每个猪栏容猪头数）	各猪群需要猪舍幢数（猪栏个数/每幢猪舍内猪栏个数）
待配母猪	30	90	9	3	38	30	0.79≈1.0
空怀母猪	24	144	9	6	38	24	0.63≈1.0
怀孕母猪	26	442（笼）	1.32（笼）	1	194	442（笼）	2.28≈2.0（部分猪拼入空怀母猪舍）
哺乳母猪	26	156（笼）	4.4（笼）	1	56	156（笼）	2.79≈3.0
保育仔猪	235	1880	12（离地高床）	24	38	78	2.05≈2.0（部分猪拼入育肥猪舍）
育肥猪	233	4427	20	20	29	221	7.62≈8.0
病猪、淘汰猪	35	140	6	4	28（单列舍）	35	1.25≈1
引种猪头数	15	105	9	3	18（单列舍）	35	1.94≈2

注：1. 假定猪舍长度为60米，宽为9～14米；怀孕母猪栏宽、哺乳猪栏宽、保育仔猪栏宽、育肥猪栏宽分别为2.0、2.5、3.0、4.0米，据此计算每幢猪舍的猪栏个数。

2. 每幢猪舍各空出2个猪栏（育肥猪舍空1个栏位）的面积供建造通道、饲养员休息室和工具间之用，故每幢猪舍的实际猪栏个数比计算所得的要少1～2个栏。

3. 对于引进种猪隔离舍而言，因引进头数是一个不确定数，按估计数留2幢猪舍。

有了以上计算所得的各生产猪群所需猪舍幢数，就可以按照流水线生产工艺所要求的猪舍布局着手建造猪舍。

2. 第二种方法:范树祥先生介绍的方法

各类生产母猪群所需猪栏个数
=(基础母猪头数×母猪在该猪栏占用天数÷母猪生产周期)×
1.06÷每个猪栏容猪头数　　　　　　　　　(公式1-7)

式中:母猪生产周期=119(怀孕期占用天数)+42(哺乳期占用天数)+21(待配期占用天数)=182(天);猪栏机动数为6%;哺乳母猪占用时间=28(哺乳期占用天数)+7(怀孕母猪提前进产房的天数)+7(消毒占用天数)=42(天);待配母猪占用天数=7(断奶后到发情配种占用天数)+7(消毒占用天数)+7(机动天数)=21(天);怀孕母猪占用天数=114(怀孕期占用天数)-9(提前进产房天数)+7(消毒占用天数)+7(备用天数)=119(天)。

现引用本例中公式(1-1)计算所得基础母猪头数(630头)、表1-3中的各种母猪占栏天数和表1-4中的每个猪栏容猪头数等资料,根据公式计算各类母猪的猪栏个数。

待配母猪所需猪栏个数=630×21÷182×1.06÷3≈25.7≈26(个)
哺乳母猪所需猪栏个数=630×42÷182×1.06÷1≈154.1
　　　　　　　　　　≈154(个)
怀孕母猪所需猪栏个数=630×119÷182×1.06÷1≈436.6
　　　　　　　　　　≈437(个)

此公式只能估算各类母猪的猪栏数,不能估算保育猪和育肥猪的猪栏数,故有局限性。

3. 第三种方法:陈国宇、米文正等先生介绍的方法

也以一个万头猪场为例,若有基本母猪630头,其他部分生产参数参见表1-1、表1-3和表1-4。计算结果如下:

(1)待配母猪所需猪栏个数=基本母猪头数×年分娩窝数×
在待配舍占栏天数÷365÷
每栏饲养头数　　　(公式1-8)

因此
待配母猪所需猪栏个数=630×2.1×21÷365÷3≈25(个)

(2) 空怀母猪所需猪栏个数＝基本母猪头数×年分娩窝数×
　　　　　　　　　在空怀舍占栏天数÷365÷
　　　　　　　　　每栏饲养头数　　（公式 1-9）

因此

空怀母猪所需猪栏个数＝630×2.1×42÷365÷6≈25.37≈26（个）

(3) 怀孕母猪所需猪栏个数＝基本母猪头数×年分娩窝数×
　　　　　　　　　在怀孕舍占栏天数÷365÷
　　　　　　　　　每栏饲养头数　　（公式 1-10）

因此

怀孕母猪所需猪栏个数＝630×2.1×119÷365÷1
　　　　　　　　　≈431.33≈431（个）

(4) 哺乳母猪所需猪栏个数＝基本母猪头数×年分娩窝数×
　　　　　　　　　在哺乳舍占栏天数÷365÷
　　　　　　　　　每栏饲养头数　　（公式 1-11）

因此

哺乳母猪所需猪栏个数＝630×2.1×42÷365÷1≈152.24
　　　　　　　　　≈152（个）

(5) 保育仔猪所需猪栏个数＝基础母猪头数×年分娩窝数×
　　　　　　　　　窝断乳仔猪头数×
　　　　　　　　　在保育舍占栏天数÷365÷
　　　　　　　　　每栏饲养头数　　（公式 1-12）

因此

保育仔猪所需猪栏个数＝630×2.1×9×56÷365÷24≈76（个）

(6) 育肥猪所需猪栏个数＝基础母猪头数×年分娩窝数×
　　　　　　　　　每窝育肥时头数×
　　　　　　　　　在育肥舍占栏天数÷365÷
　　　　　　　　　每栏饲养头数　　（公式 1-13）

因此

育肥猪所需猪栏个数＝630×2.1×9×133÷365÷20
　　　　　　　　　≈216.94≈217（个）

(7) 公猪所需猪栏个数 = 单元时间内可配存栏母猪头数 ÷
　　25(一头公猪承担配种母猪头数) ×
　　1.06(6% 为保险系数)　（公式 1-14）

式中：单元时间内可配存栏母猪头数(185) = 单元内待配母猪头数(30) + 空怀母猪头数(24) + 怀孕母猪头数(26) + 哺乳母猪头数(26) + 后备母猪的存栏头数(79.5 取整数为 79)。因此

公猪所需猪栏个数 = 185 ÷ 25 × 1.06 ≈ 7.84 ≈ 8(个)(公猪是单栏饲养)

(8) 后备种猪所需猪栏个数 = 年引入或自留的后备种猪头数 ×
　　在后备种猪舍占栏天数 ÷ 365 ÷
　　一栏容猪头数　（公式 1-15）

式中：一栏容猪头数为 5 头。因此

后备种猪所需猪栏个数 = 167 × 182 ÷ 365 ÷ 5 ≈ 16.65 ≈ 17(个)

通过测算比较，得知范树祥先生介绍的方法和陈国宇、米文正等先生介绍的方法的计算结果很接近，但绝大部分结果比陈润生教授介绍的表格法的计算结果低，笔者认为三种方法中以第一种表格法的计算结果较接近实际，因为它考虑实际情况较多。

（二）一个万头猪场所需要的土地面积、机电设备和基建投资的估算

现列出一个万头猪场四种饲养模式所需土建面积、机电设备和基建投资的比较表(表 1-5)，生产者可根据自己的条件，参考此表做出建场决策，这是生产者决定投资的重要因素。但本表的一些数据将会因养猪现代化程度的提高、新的机电设备的出现而发生变化，如所需土地面积、基建投资等，因此生产者务必随时注意科技进展，与时俱进。

表 1-5 万头猪场四种饲养模式基建投资比较表

饲养模式	占地面积/公顷	猪舍建筑面积/米²	猪舍及舍内机电设备投资				日均耗水电数		饲养母猪头数	饲养员人数
			土建投资/万元	机电投资/万元	水电设备投资/万元	合计/万元	水/米³	电/(千瓦·日)		
我国传统养猪场	4.5	12000~13000	280~325	0	10	335	100	150	630	50~60
传统式加集约化养猪场	3	9000	215	35	15	265	120	200	600	30~40
我国设计的工厂化养猪场	2~2.8	7000~8000	180	80	20	280	150	250	540	16~20
国外引进的工厂化养猪场	1.67	5000~6000	120	1000	60	1180	250	1000	550	7~8

来源：1. 朱尚雄. 中国工厂化养猪实用新技术[M]. 北京：农业出版社，1992：319.
2. 浙江省农业厅畜牧局，浙江省畜牧兽医学会. 规模养猪手册[M]. 杭州：浙江科学技术出版社，1997：47-48.
3. 本表由两张原始表格合并而成，笔者根据实践经验对其中的少量数据进行了修改。

(三)猪舍最佳朝向的确定

在我国,从南方到北方猪舍的朝向总体上以坐北朝南为好,但尚需根据各地不同的地形、地势要有一定的偏移。据朱尚雄先生介绍,由于我国各地气温、主导风向、地形、地势的差别,各地建造猪舍的最佳朝向略有差异,详见表1-6。

表1-6 我国部分地区建造猪舍的最佳朝向

地区	最佳朝向	适宜朝向	不宜朝向
武汉地区	南偏西15°	南偏东15°	西,西北
广州地区	南偏西5°,南偏东15°	南偏西5°至西,南偏东22°30′	—
郑州地区	南偏东15°	南偏东25°	西,北
北京地区	南偏西30°以内,南偏东30°以内	南偏西45°以内,南偏东45°以内	北偏西30°~60°
沈阳地区	南,南偏东20°	南偏西至西,南偏东至东	东北至东,西北至西
成都地区	南偏东45°至南偏西15°	南偏东45°至南偏西30°	西,北
呼和浩特地区	南至南偏东,南至南偏西	东南,西南	北,西北
西安地区	南偏东10°	南,南偏西	西,西北
上海地区	南至南偏东15°	南偏西15°,南偏东30°	北,西北
拉萨地区	南偏西5°,南偏东10°	南偏西10°,南偏东15°	西,西北

来源:朱尚雄.中国工厂化养猪实用新技术[M].北京:农业出版社,1992:268-269.

在猪舍设计时确定猪舍朝向的步骤如下:

确定猪舍朝向角度:以上海地区为例,设定南偏东15°作为标准。若达不到要求,要按以下方法进行纠正:即利用阳光投射线,在白纸上做直角三角形图进行计算。选择"冬至"前后某个晴天,于上午11:00左右,带画有坐标图的白纸、指南针、细直竹竿、直尺和铅笔等

工具,找一块平地,利用太阳光对着细直竹竿在直角坐标系的第四象限上的投射线,画一个直角三角形,供测量用。操作方法如下:

对着太阳光源竖一根细直竹竿(长约1米,直径约1厘米),将一张已画好坐标图的白纸放在投影线下,把纸上y轴对着指南针指的正北方,并使投射线穿过第四象限和原点O,形成一个锐角α。再在投影线上设一点A,与垂直于y轴上的B点相连形成锐角α的对边(AB),投影线上线段OA就是三角形的斜边,y轴上的线段OB就是锐角α的邻边,这样便构成一个直角三角形(Rt△OBA),详见图1-1。现测得线段OA为10.5厘米,线段OB为9.5厘米,请求出锐角α的度数。现运用三角函数求解:cosα = 邻边/斜边 = 9.5÷10.5 ≈ 0.905。再用CASIO FX－3600PV科学计算器选定SCI运算模式进行反三角函数运算,从而求出余弦值为0.905时锐角α的度数。方法:打开计算器,选择SCI运算模式,输入0.905,按shift键和cos^{-1}键,即可求出锐角α为25.18°,说明猪舍的实际朝向为南偏东25.18°。

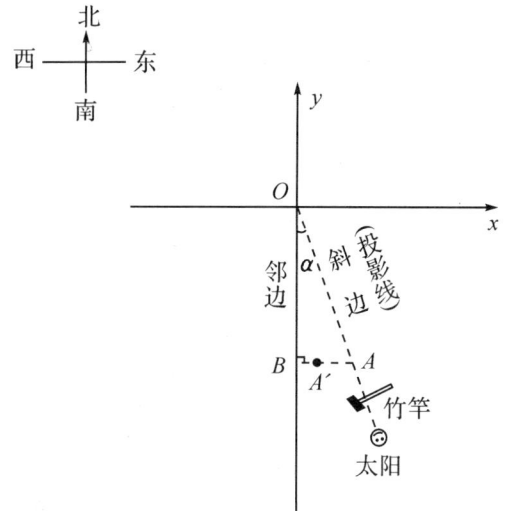

图1-1 由太阳投射线构成的直角三角形

我们要求猪舍的标准朝向是南偏东15°,但实际为南偏东25.18°,过于偏东10.18°,因此要对对边AB的长度进行调整。

$$AB = \sqrt{OA^2 - OB^2} = \sqrt{10.5^2 - 9.5^2} = \sqrt{110.25 - 90.25} = \sqrt{20}$$
$$\approx 4.47(厘米)$$

那么,线段 AB 要缩短多少厘米,才能达到南偏东 $15°$ 的要求呢? 假设点 A 平移至 A',可使猪舍朝向为南偏东 $15°$。

$\because \tan\alpha = \dfrac{对边}{邻边}$ $\therefore \tan 15° = \dfrac{A'B}{OB} = \dfrac{A'B}{9.5}$

用 CASIO 计算器可求得 $\tan 15° = 0.268$,则
$$A'B = \tan 15° \times 9.5 = 0.268 \times 9.5 \approx 2.55(厘米)$$

因此
$$AB - A'B = 4.47 - 2.55 = 1.92(厘米)$$

即线段 AB 需缩短 1.92 厘米,猪舍的朝向就可达到南偏东 $15°$ 的标准要求。

在一个确定锐角 α 的直角三角形中,任取其斜边上某点 A,作 $AB \perp OB$ 于点 B,那么 AB/AO,BO/AO,AB/BO 的比值都是确定的,而与点 A 在直角三角形斜边上的位置无关。据此,我们要纠正猪舍朝向的偏差,无须去现场测量猪舍与太阳投影线所形成的直角三角形的各条边的长度,而只要利用纸上的小三角形的计算结果扩大若干倍就可得出结论。

(四)各种猪舍的建筑特征

各种猪舍的建筑特征列于表 1-7,该表对投资者决策投资具有一定的参考价值。

表 1-7 各种猪舍的建筑特征表

猪舍	待配舍	怀孕舍	分娩哺乳舍、断乳仔猪舍	生长舍	育肥舍
建筑形式	有窗式	有窗式	有窗式	敞开式	敞开式
猪栏排列	双走道、双列式	三走道、双列式	分小间、双列式	中走道、双列式	三走道、双列式
清粪	闸门式冲除粪,各舍均为部分漏缝地板				

续表

猪舍	待配舍	怀孕舍	分娩哺乳舍、断乳仔猪舍	生长舍	育肥舍
屋顶	单层镀锌瓦垄铁皮,木桁		镀锌瓦垄铁皮,板条吊顶	单层镀锌瓦垄铁皮,木桁	镀锌瓦垄铁皮,轻钢桁条
结构	三铰钢砼门架		轻钢屋架、砖墙承重	三铰钢砼门架	轻钢屋架、钢筋混凝土柱承重
围护墙体	纵向全窗,上部瓦垄铁皮,下部混水砖墙,山墙为砖墙		混水砖墙	尼龙网防护	
地面	部分漏缝水泥地面		猪床卧处为保温地面	部分漏缝水泥地面	
窗户	中悬铁皮		可调金属小百叶窗	无窗	
跨度/米	8.5	8.5	12.0	8.5	15
层高/米	3.0	3.0	2.8	3.0	3.0
通风	自然通风、全长通风屋脊		自然通风为主,机械通风为辅,风帽	自然通风、全长通风屋脊	

来源:朱尚雄.中国工厂化养猪实用新技术[M].北京:农业出版社,1992:292.

(五)猪舍建筑面积利用系数和猪舍门窗有效采光系数的计算

1. 猪舍建筑面积利用系数的计算

猪舍建筑面积由使用面积、辅助面积(包括生活用房和办公用房)和结构面积三部分组成。使用面积包括猪的栏位、粪沟、送料道、

清粪道等。辅助面积包括饲料间、工人休息室、维修车间、工具存放室、消毒用房、兽医室、粪便处理设施、职工宿舍、食堂、卫生间、绿化面积等。结构面积包括墙身面积和柱子面积等。在设计中,应尽量提高使用面积在建筑面积中的比例,以使建筑面积得到充分利用。在建筑学上,常用建筑面积利用系数 K 表示这种关系。

$K=$ 使用面积(米^2)÷建筑面积(米^2)×100%   (公式1-16)

一般情况下,猪场的建筑面积利用系数应在70%以上。

举例:某猪场的猪舍总面积为5636.7米^2,总建筑面积为8000米^2,那么猪舍建筑面积利用系数为多少呢?

$K=5636.7÷8000×100\%≈70.46\%$

2. 猪舍门窗有效采光系数的计算

猪舍门窗有效采光系数是指猪舍门窗有效采光面积占猪舍内地面有效面积的百分比,也可用上午9:00左右猪舍门窗有效采光面积(投影在地面的面积)与猪舍内地面有效面积之比来表示,一般采用前一种方法。前一种方法有效采光面积的测定方法:先计算猪舍窗户玻璃数并测量每块玻璃的面积,再测量和计算猪舍地面的有效面积,测量时应包括粪道及饲喂道的面积。门窗有效采光系数取决于猪舍的门窗面积大小。一般要求种猪舍门窗有效采光系数为8%~10%,肉猪舍门窗有效采光系数为6%~8%。

现在,我国南方地区许多现代化猪场都建造南北半墙的半敞开式猪舍,这种猪舍在晚春到早秋的这段时间中光照充足,通风充分,根本不存在光照和通风换气的问题,唯到冬季寒冷季节实行密闭饲养后,其光照和通风就成为一个大问题,需要人工辅助定时拉起升降布进行通风换气。

猪舍门窗有效采光系数的计算方法如下:

猪舍门窗有效采光系数=猪舍门窗有效采光面积(米^2)÷舍内总面积(米^2)×100%

(公式1-17)

举例：有一幢母猪舍，地面面积为364米^2，有20个窗户，每个窗户有8块玻璃，每块玻璃的面积为0.2米^2，则该猪舍门窗的有效采光系数为多少？

$$该猪舍门窗有效采光系数=20\times8\times0.2\div364\times100\%$$
$$\approx8.79\%$$

下面再将笔者对各种猪舍门窗有效采光系数的测量和计算结果列于表1-8，供参考。

表1-8 各种猪舍门窗有效采光系数的实际测量和计算结果

猪舍名称	猪舍面积/米^2			猪舍门窗总面积/米^2	猪舍门窗有效采光系数/%
	舍长/米	舍宽/米	面积/米^2		
保育舍1	99.68	10.70	1066.58	316.80	29.70
保育舍2	105.00	8.16	856.80	162.65	18.98
肉猪舍1	92.56	12.02	1112.57	271.13	24.37
肉猪舍2	185.40	9.13	1692.70	313.76	18.54
产房1	114.12	7.63	870.73	165.24	18.98
产房2	72.62	7.90	573.70	49.90	8.70
怀孕舍	70.34	8.54	600.70	111.36	18.54

经计算可知上表中各猪舍门窗有效采光系数都超过8%～10%的要求。

(六)不同体重猪的自动饮水器安装高度和漏缝地板缝隙的合适宽度

1. 不同体重猪的自动饮水器安装高度

不同体重猪的自动饮水器安装高度见表1-9。

表1-9 不同体重猪的自动饮水器安装高度

猪的体重范围/千克	安装高度/厘米	
	水平安装	45°倾斜安装
断乳前小猪	10	15
5～15	25～35	30～45
5～20	25～40	30～50
7～15	30～35	35～45
7～20	30～40	35～50
7～25	30～45	35～55
15～30	35～45	45～55
15～50	35～55	45～65
20～50	40～55	50～65
25～50	45～55	55～65
25～100	45～65	55～75
50～100	55～65	65～75

来源:朱尚雄.中国工厂化养猪实用新技术[M].北京:农业出版社,1992:309.

一个乳头式自动饮水器可承担猪的头数:乳仔猪10～15头,保育仔猪8～10头,育肥猪5头,待配和空怀母猪5头,公猪、怀孕母猪、哺乳母猪因单笼或单栏饲养,均为1头。

2. 不同体重猪的漏缝地板缝隙的合适宽度

不同体重猪的漏缝地板缝隙的合适宽度见表1-10。

表1-10 不同体重猪的漏缝地板缝隙的合适宽度

猪的体重/千克	漏缝地板缝隙宽度/毫米	
	一般材料地板	金属条窄条网状地板
<8	9	金属丝网结构
8～15	11	金属丝网结构
15～25	14	11
25～100	18	16
>100	22	水泥地面结构

来源:朱尚雄.中国工厂化养猪实用新技术[M].北京:农业出版社,1992:305.

(七)万头猪场常用通风降温和保温设备的规格

万头猪场常用通风降温和保温设备的规格列于表1-11。

表1-11 万头猪场常用通风降温和保温设备的规格

设备名称	规格与安装
排风扇	30.5厘米、35.6厘米、40.6厘米
吹风机	Φ720
玻璃钢乳仔猪保温箱	1050厘米×600厘米×550厘米
玻璃钢断奶小猪保温箱	1350厘米×600厘米×700厘米
远红外保温灯	150瓦、200瓦、250瓦
自动恒温保温板	1000厘米×570厘米×30厘米(220瓦、150瓦)
河南省南阳市产田苑保温板(5~40℃智能控温,是地下发热体)	哺乳仔猪:单床为50厘米×90厘米,60厘米×80厘米;双床55厘米×180厘米,50厘米×200厘米;断乳仔猪:110厘米×90厘米
喷雾降温系统	利用硬塑料管和喷雾头自行安装
滴水降温系统	利用软塑料管和滴水头自行安装
自动控制帆布帘幕	委托专业公司安装
湿帘—风机降温系统	湿帘厚度12厘米,过帘风速1.0~3.0米/秒,系统效率82%。水泵选三相清水潜水泵或三相自吸离心式清水泵,扬程10米以内、功率550千瓦以内、流量8米^3/时以内

来源:浙江省农业厅畜牧局,浙江省畜牧兽医学会.规模养猪手册[M].杭州:浙江科学技术出版社,1997:70-71.

二、创造和维护猪的良好生长环境

猪良好的生长发育是遗传基因与生长环境两大因素有机统一的结果。即使有了优良基因,但没有良好的生长环境与之相配合,优良基因所表现的优良性能也将无法充分发挥。因此,良好的生长环境是实现猪高产、稳产绝不可少的因素。下面将介绍一些重要生产环节的落实和维护,从而为猪的生长发育创造良好的生长环境。

(一)各种猪的合理饲养密度

合理的饲养密度可以为猪的生长发育和安全生产提供重要的保障。理想的猪舍,应是每单位面积饲养猪的头数既要多,又不影响猪的生长发育和防疫卫生的要求,而且还要便于饲养管理以节省劳动力。饲养密度确定的重要依据是每头猪应占用的卧床面积。国内报道的育成到育肥阶段猪需要的卧床面积见表2-1。

表2-1 育成到育肥阶段猪需要的卧床面积(国内)

地面种类	断乳至33.9千克	34~55.9千克	56~90千克
每头猪需要的水泥地面面积/米^2	0.6	0.8	1.2
每头猪需要漏缝地板式猪舍的占地面积/米^2	0.8	1.0	1.4
每头猪放牧时所需的凉棚面积/米^2	0.8	1.2	1.5

猪床面积随季节应有变化,冬天可稍小,夏天应稍增加。

如今怀孕母猪和哺乳母猪都采用固定铁笼饲养,每头怀孕母猪所需笼面积约为2.0米×0.6米,哺乳母猪所需笼面积约为2.2米×2.0米。群养条件下,每栏猪的品种、体重应力求一致。日本学者介绍的猪床面积要比国内的稍大,见表2-2。

表2-2 育成到育肥阶段猪需要的卧床面积（日本）

项目	断奶至33.9千克	34~55.9千克	56~90千克
每头猪需要的躺卧面积/米²	0.9	1.2	1.8
每头猪需要的水泥床面积/米²	1.5	1.8	2.4
每头猪需要的漏缝地板式猪床面积/米²	1.2	1.5	1.8
每头猪需要的凉棚躺卧面积（放牧）/米²	0.9	1.2	1.8

来源：笹崎龙雄.养猪大成[M].3版.北京：农业出版社，1988：194.

我国学者根据一头猪占用的卧床面积同时兼顾防疫卫生的要求，设计了各种猪的适宜饲养密度，列于表2-3。

表2-3 各种猪比较适宜的饲养密度

猪别	体重阶段/千克	每栏头数/头	每头猪最小占地面积/米²	
			实地面积	部分漏缝地板
断奶仔猪	4~10.9	20~30	0.37	0.26
保育仔猪	11~17.9	20~30	0.56	0.28
	18~44.9	20~30	0.74	0.37
生长育肥猪	45~67.9	15~20	0.93	0.56
	68~95	10~15	1.11	0.74
青年母猪	113~135.9	10~15	1.39	1.11
已孕青年母猪	—	10~15	1.58	1.30
成年母猪	136~227	10~15	1.67	1.39
带仔母猪	—		3.25	3.25

来源：曹洪战，芦春莲.商品瘦肉猪标准化生产技术[M].北京：中国农业大学出版社，2003：176.

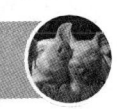

笔者认为随着时代的发展,上表也应作适当修正和补充:后备母猪在栏面积约为 7 米^2 的条件下,5 月龄前一般一栏应关养 5~6 头,5 月龄后直到配种期间一栏应关养 2~3 头。后备公猪在栏面积约为 9 米^2 的条件下,4 月龄前一栏可关养 3~4 头,4 月龄后应单栏饲养。在现代化大型猪场,怀孕母猪和哺乳母猪现都已采用笼养方式,怀孕母猪的铁笼一般长 220 厘米、宽 55~65 厘米,哺乳母猪铁笼长 220 厘米、宽 200 厘米。此外,表 2-3 中"每头猪最小占地面积"并非一个绝对数值,可有一个变动范围,因而与目前所见图书中所介绍的数值并不完全相同,读者在实践中可有一定灵活性。

(二)各种猪舍环境温度的调控

环境温度是生长环境中的一项重要内容。下面分别介绍猪床的适宜温度、猪舍的适宜温度、运输途中的温度和密度及舍温的控制方法。

1. 各种猪的猪床适温范围

猪有一个感到最舒适的猪床温度范围,处于这个温度范围内时猪的各项生理机能正常,其正常体温的维持只需通过体内的机械性调节就可达到,因而猪体用于维持体温所消耗的热量最少,所摄取的营养物质能最有效地用于身体各种组织器官的发育或增加体重(或生产其他产品),猪的生长最快,饲料的利用也最经济。这个温度范围就是所谓的生理上的"等热区"。

猪的体温调节能力比其他动物弱,冬季的寒冷和夏季的高温都会给猪的生理机能带来恶劣的影响,导致猪发育停滞、饲料利用率降低。

表 2-4 列出了各种猪的猪床适宜温度,生产者应认真参照。

表 2-4　各种猪的猪床适温范围

猪的类别	出生后日龄或体重	适宜温度/℃
仔猪	产后 1~3 天	32~35
	产后 4~7 天	30~32
	产后 8~30 天	28~30
	产后 31~45 天	22~25
肉猪	11~50 千克	20~22
	51~100 千克	18~20
成年猪	100 千克以上	18~20

来源：笹崎龙雄.养猪大成[M].3 版.北京：农业出版社，1988：186.笔者做了适当调整。

2. 各种猪适宜的猪舍温度范围

为使猪的卧床温度达到适温要求，猪舍必须要有适宜的猪舍温度。各种猪适宜的舍温范围列于表 2-5。

表 2-5　各种猪适宜的猪舍温度范围

猪群类别		适宜室温/℃
公猪和母猪		15~18
后备公猪和后备母猪		18~21
带仔母猪	分娩前	18~20
	分娩期间	25~26
	分娩后 1~3 天	24~25
	分娩后 4~10 天	21~22
	分娩后 11~23 天	20

续表

猪群类别		适宜室温/℃
断乳母猪	30～40 日龄	21～22
	41～60 日龄	21
	61～90 日龄	20
生长育肥猪	30～60 千克	20～23
	61～105 千克	18

来源:张达军,汤海林.规模化养猪生产技术[M].长沙:湖南科学技术出版社,1998:237.

3. 猪在运输途中的温度和密度

这里介绍一些关于猪在运输途中的温度、密度和死亡率的统计资料(表2-6),这对生产者运输生猪很有指导意义。

表 2-6 运输途中温度和密度对猪死亡率的影响

环境温度/℃	卡车内猪的密度/(头数/米²)	累计统计的运输总头数/头	死亡率/%	平均死亡率/%
10	1.0～1.2	3665	1.09	2.27
	1.3～2.1	38588	2.69	
	2.2～3.0	72062	2.84	
	3.0 以上	3011	4.90	
10～15	—	—	—	5.19
15 以上	1.0～1.2	2123	1.41	7.84
	1.3～2.1	20433	7.73	
	2.2～3.0	33980	8.45	
	3.0 以上	1248	5.81	

来源:张达军,汤海林.规模化养猪生产技术[M].长沙:湖南科学技术出版社,1998:241.

4. 舍温的控制方法选择

为便于猪舍温度的控制,在各种猪舍的中间要挂一支温度计(最好用电子温度计,因水银温度计破损或淘汰后水银不好处理),以便随时了解猪舍温度。在天气变化剧烈的季节,还要对产房、保育舍和公猪舍用最高-最低温度计进行一天内最高和最低舍温的观察。

猪舍温度主要来自猪体的散热,但也受舍外气温的影响。猪舍内的气温分布是不平均的:在保温良好的猪舍里,越接近屋顶,温度越高,接近地面处温度最低;在屋顶保温不良的猪舍里,则是上部低下部高,因为下部有猪体的散热。我们要求猪舍内垂直方向的温差不要超过2.5~3.0℃。就水平方向而言,舍温从中心向四周递减,靠近门窗和墙壁处室温最低,我们要求水平方向的温差也不超过3℃。

动物对不良气候虽有适应能力,但有限度。这种适应能力是由大脑的热调节中枢神经指挥体内的物理和化学过程(代谢过程)来实现的,在这过程中要消耗体内能量。若猪舍温度超过临界温度,猪体的热调节就失效,则体内热平衡被破坏,就会引起体温的升高或降低,严重影响猪体健康并导致生产力下降。我们采取舍温(小气候)控制措施,就是为了防止猪体热平衡被破坏。

(1)猪舍防寒采暖方法的选择。采暖的方法很多,属集中采暖的有热水采暖系统和热风采暖系统,属局部采暖的有加热保温板、红外线灯、加热地板、保育箱等。一般大猪舍都采用集中采暖,产房和保育舍采用集中采暖和局部采暖相结合的办法。集中采暖以地下热水采暖系统的效果较好,该系统是用PE-RT地暖管直接铺设于地面并封装起来的地板热辐射取暖系统;有的场也用电热取暖系统,它是在需要加热的水泥地下铺设发热电线或电阻丝来达到加热目的的;也可采用土方法即汽油筒火炉加温,双列式猪舍大约每10米放一只,效果也不错,在我国南方地区可使室温保持在20℃左右,而且成本比较低。局部采暖多采用250瓦红外线灯泡:如在产房中把250瓦红外线灯泡吊在保温箱内(离地高度约70厘米),箱内地面温度一般可达到30℃以上。有的猪场采用电热保温板来提高仔猪腹部温度并使地面干燥,若把它与

250瓦红外线灯泡结合使用,则效果更好,可明显减少仔猪消化道疾病。电热保温板由电热丝和工程塑料外壳组成,包括热器架、辐射板和调温控制开关三部分,放在仔猪保温箱内或仔猪躺卧区。由于它可定温并能自动控制温度,故使用起来很方便,但其缺点是周围环境的温度较低,所以单独使用效果不太好。

(2)猪舍防暑降温方法的选择。防暑降温的方法也有多种,如湿帘-风机降温系统、滴水降温、雾化降温、通风降温(正压通风、负压通风、综合通风),效果以湿帘-风机降温系统较好。该系统主要由湿帘、风机、水循环系统和自动控制装置组成。它利用湿帘蒸发水汽时吸收通风空气中的热量来达到猪舍降温的目的。湿帘可装在封闭猪舍的南面围墙,风机装在北面围墙;湿帘也可装在封闭猪舍的南北围墙中央部,风机装在东西山墙上;或者湿帘装在封闭猪舍的东山墙,风机装在西山墙。总之,原则上要尽量避免舍内有死角。这样,当风机抽风时,舍内就产生负压,迫使舍外未饱和的空气穿过湿润的湿帘表面进入舍内,导致水分蒸发,使舍内空气温度下降(因为水转化为水蒸气需要吸收周围的热量)。水源的温度对降温效果影响很大,水源温度越低,空气饱和蒸汽压越小,蒸发降温的效果越好。

湿帘厚度一般以12厘米为宜,过帘风速一般为1.0~3.0米/秒,系统效率可定为82%,水泵可选用三相清水潜水泵或三相自吸离心式清水泵,水泵可选扬程在10米以内、功率在0.55千瓦以内、流量在8米^3/时以内。湿帘-风机降温系统采用自动控制,风机和水泵的启动和关闭由温度控制器自动控制,控制范围由管理人员设定。

(三)各种猪舍相对湿度的调控

1. 相对湿度的计算及各种猪舍的适宜相对湿度

(1)相对湿度的计算。空气在任何温度下都含有水分,表示空气潮湿程度的物理量称为"空气湿度"。在生产中多以相对湿度来衡量空气潮湿的程度。相对湿度是指空气中实际水汽压与同温度下饱和水汽压之比,用百分率表示。

相对湿度的计算公式如下:

相对湿度＝实际水汽压÷同温度下饱和水汽压×100%

(公式2-1)

式中:实际水汽压指大气中水汽本身所产生的压力,用帕(斯卡)表示;饱和水汽压是指大气中水汽含量达到最大值时的水汽压,这时的空气称为"饱和空气",其压力称为"饱和水汽压"。测定气压通常用水银气压表测定,有动槽式和定槽式两种,测得的读数要进行校正。

大气中水汽含量的最大值随气温的升高而增大,但在一定温度下却是一个定值,超过这个定值,多余的水汽就凝结成液体或固体。

举例:经水银气压表测定,25℃下的水汽压为2200帕,此时的饱和水汽压为3136帕,则大气的相对湿度为多少?

相对湿度＝2200÷3136×100%≈70.15%

相对湿度说明空气中水汽的饱和程度,猪舍的相对湿度以65.0%~75.0%较好,这可以使呼吸道疾病发生的危险降到最低。

据研究,靠空气传播的微生物依赖潮湿的条件生存,只要将舍内相对湿度降低10%,如由80%下降到70%,就可以杀死空气中一半的微生物。

(2)各种猪舍适宜的相对湿度。湿度和温度是一对重要的环境影响因素,不仅相互影响,而且同时作用于猪体。据报道,若环境温度超过适宜温度,相对湿度从40%升高到70%,猪的增重就会下降,其中成年猪较为敏感。实际上,无论环境温度高低,湿度过高都会影响猪的体温调节,进而影响猪的生产性能。

各种猪舍适宜的相对湿度列于表2-7。

表2-7 各种猪舍适宜的相对湿度

猪舍种类	适宜的相对湿度/%
公猪舍	65~75
母猪舍	65~75
幼猪舍	65~75
肥猪舍	75~80

来源:李炳坦,赵书广,郭传甲.养猪生产技术手册[M].2版.北京:中国农业出版社,2004:210.

相对湿度若低于65%,则空气干燥,猪体散热增加,生产力下降,皮肤干裂,皮肤抗御某些病原菌的能力降低。相对湿度若高于75%,则空气潮湿,影响猪体的散热,体内热能积聚,热平衡被破坏,体温升高,同时生产力严重下降,而且舍内病菌大量繁殖,患病率增加,且舍内设备极易腐蚀。

2. 干湿球温度表的使用方法

在生产上,许多生产者是以市售的干湿球温度计来查看猪舍的相对湿度的,该干湿球温度计既易购到,使用起来也很方便。其安装和查看方法如下:

先在干湿球温度计底部的水槽中灌满水,再在湿球温度计的球部系上一圈纱布条,长约5厘米,并将其游离端浸入水槽中,然后挂在猪舍中部的适当位置(不要靠墙,离地高度约2米),大约过10分钟后就处于待用状态。

那么,怎样查看相对湿度表呢?先在干湿球温度计上读取干球温度表上的干球温度,譬如25℃,再在湿球温度表上读取湿球温度,譬如23℃,然后算出干湿球温度之差,即2℃;接着翻到干湿球温度计的背面查看"相对湿度查对表"(表2-8),在表的左列"湿球温度"(t_w)处找到湿球温度,譬如23℃,再在表的第一行"干球与湿球温差"(Δt)处找到干湿球温度之差,譬如2℃,然后在湿球温度23℃处引一条水平线,在干球与湿球温差2℃处引一条垂直线,那么两条线交叉点处的结果就是欲查看的相对湿度。本例子的相对湿度为81%,按我们的养猪要求,这个相对湿度太高了,要采取措施以降低舍内空气湿度。

表 2-8 0~35℃ 相对湿度查对表

t_w	0.5	1.0	1.5	2.0	2.5	3.0	3.5	4.0	4.5	5.0	5.5	6.0	6.5	7.0	7.5	8.0	8.5	9.0	9.5	10.0	10.5	11.0	11.5	12.0	12.5	13.0	13.5	14.0	14.5	15.0
0	90	80	71	63	56	49	43	37	32	28	23	20	16	13	10	8	6	4	2	1										
1	90	81	72	65	58	51	45	40	35	30	26	22	19	16	13	11	9	7	5	4	1									
2	90	82	74	66	59	53	47	42	37	33	29	25	22	19	16	14	12	10	8	6	4									
3	91	82	75	67	61	55	49	44	39	35	31	27	24	21	19	16	14	12	10	9	6	4	3	1						
4	91	83	75	69	62	56	51	46	41	37	33	30	26	23	21	19	17	14	12	11	9	6	5	4	3					
5	91	84	76	70	64	58	53	48	43	39	35	32	29	26	23	21	19	17	15	13	11	9	8	6	5	3	2			
6	92	84	77	71	65	59	54	49	45	41	37	34	31	28	25	23	21	19	17	15	13	11	10	8	7	5	4	2	2	
7	92	85	78	72	66	61	56	51	47	43	39	36	33	30	27	25	23	21	19	17	15	13	12	11	9	8	6	4	2	
8	92	85	79	73	67	62	57	52	48	44	41	37	34	32	29	27	25	23	21	19	17	16	14	13	11	10	8	6	4	3
9	93	86	79	74	68	63	58	54	50	46	42	39	36	33	31	28	26	24	22	21	19	17	16	14	13	10	9	7	5	5
10	93	86	80	74	69	64	59	55	51	47	44	41	38	35	32	30	28	26	24	23	21	19	17	16	14	12	11	9	7	7
11	93	87	81	75	70	65	60	56	52	49	45	42	39	37	34	32	30	28	26	24	22	20	19	18	16	14	12	11	9	8
12	93	87	81	76	71	66	61	57	54	50	47	43	41	38	35	33	31	29	27	26	24	22	20	19	17	15	13	12	10	10
13	94	87	82	76	71	67	62	58	55	51	48	45	42	39	37	34	32	30	28	27	25	23	21	20	18	16	14	13	11	11
14	94	88	82	77	72	68	63	59	56	52	49	46	43	40	38	36	33	32	29	28	26	24	22	21	19	17	16	14	13	12
15	94	88	83	78	73	68	64	60	57	53	50	47	44	42	39	37	35	33	31	29	27	25	23	22	20	18	16	15	14	13
16	94	88	83	78	74	69	65	61	58	54	51	48	45	43	40	38	36	34	32	30	28	26	25	23	21	19	18	16	15	14
17	94	89	83	79	74	70	66	62	59	55	52	49	46	44	41	39	37	35	33	31	29	28	26	24	23	21	19	18	17	15

续表

t_w	0.5	1.0	1.5	2.0	2.5	3.0	3.5	4.0	4.5	5.0	5.5	6.0	6.5	7.0	7.5	8.0	8.5	9.0	9.5	10.0	10.5	11.0	11.5	12.0	12.5	13.0	13.5	14.0	14.5	15.0
																Δt														
18	94	89	84	79	75	70	67	63	59	56	53	50	47	45	42	40	38	36	34	32	31	29	28	27	25	24	23	22	21	20
19	94	89	84	80	75	71	67	63	60	57	54	51	48	46	43	41	39	37	35	33	32	30	29	28	26	25	24	23	22	21
20	95	90	85	80	76	72	68	64	61	58	55	52	49	47	44	42	40	38	36	34	33	31	30	28	27	26	25	24	23	22
21	95	90	85	80	76	72	68	65	62	58	55	52	50	47	45	43	41	39	37	35	34	32	31	29	28	27	26	25	24	23
22	95	90	85	81	77	73	69	66	62	59	56	53	51	48	46	44	42	40	38	36	34	33	31	30	29	27	26	25	24	23
23	95	90	86	81	77	73	70	66	63	60	57	54	51	49	47	45	43	41	39	37	35	34	32	31	29	28	27	26	25	24
24	95	90	86	82	78	74	70	67	63	60	58	55	52	50	47	45	43	41	39	38	36	34	33	31	30	28	27	26	25	24
25	95	90	86	82	78	74	71	67	64	61	58	56	53	50	48	46	44	42	40	38	37	35	34	32	31	28	28	27	26	
26	95	91	86	82	78	75	71	68	65	62	59	56	54	51	49	47	45	43	41	39	37	36	34	33	31	29	29	28	27	
27	95	91	87	83	79	75	72	68	65	62	59	57	54	52	49	47	45	43	41	40	38	36	35	33	32	30	30	28	27	
28	95	91	87	83	79	76	72	69	66	63	60	57	55	52	50	48	46	44	42	40	39	37	35	34	32	31	30	29	28	
29	95	91	87	83	79	76	72	69	66	63	60	58	55	53	51	48	46	44	43	41	39	38	36	35	33	31	31	30	28	
30	96	91	87	83	80	76	73	70	67	64	61	58	56	54	51	49	47	45	43	41	40	38	37	35	33	32	31			
31	96	91	87	83	80	76	73	70	67	64	61	59	56	54	52	50	48	46	44	42	40	39	37	36	34	32				
32	96	91	88	84	80	77	73	70	67	65	62	59	57	54	52	50	48	46	44	43	41	39	38	36	35					
33	96	92	88	84	80	77	74	71	68	65	62	60	57	55	53	51	49	47	45	43	41	40	38							
34	96	92	88	84	81	77	74	71	68	65	63	60	58	55	53	51	49	47	45	43	42	40	39							
35	96	92	88	84	81	78	74	71	68	66	63	61	58	56	54	51	49	47	46	44	42	41	39							

注：Δt 为干球与湿球温度之差，t_w 为湿球温度。

32

(四)冬季密闭饲养条件下每天需要通风换气时间的计算

1. 空气的组成和有害气体的允许含量

猪在正常的代谢活动中要不时地排出热量、水分和二氧化碳,而排泄物在微生物的作用下又释放出硫化氢、氨气和其他有害化合物。在冬天密闭饲养条件下,需要将猪舍中的有害气体和水分排出舍外,同时将舍外的新鲜空气引入舍内,以改善舍内空气质量。

大气是指包围在地球外围的空气层。在自然状态下,大气是由混合气体、水汽和杂质组成的。除去水汽和杂质的空气称为干洁空气。干洁空气的主要成分是:氮气占 78.09%,氧气占 20.94%,氩气占 0.93%,余下不到 0.1% 的是稀有气体,其中包括二氧化碳、氢气、甲烷、氖气、氦气、氪气和氙气等。我们导入猪舍的最理想的清新空气就是这种干洁空气。

猪舍空气环境中有害成分允许含量见表 2-9、表 2-10。

表 2-9 畜禽场空气环境质量指标

序号	空气质量指标	允许的最高含量(最低稀释倍数)				
		场区	禽舍		猪舍	牛舍
			幼雏	成年禽		
1	氨气/(毫克/米^3)	5	10	15	25	20
2	硫化氢/(毫克/米^3)	2	2	10	10	8
3	二氧化碳/(毫克/米^3)	750	1500	1500	1500	1500
4	可吸入颗粒(标准状态)/(毫克/米^3)	1	4	4	1	2
5	总悬浮颗粒(标准状态)/(毫克/米^3)	2	8	8	3	4
6	恶臭/稀释倍数	50	70	70	70	70

来源:顾小根.无公害畜禽生产技术手册[M].北京:中国农业科学技术出版社,2004:157.

表 2-10　生产加工环境的空气质量指标

空气质量指标	允许的含量
总悬浮颗粒(标准状态)/(毫克/米^3)	≤0.30(日平均)
二氧化硫(标准状态)/(毫克/米^3)	≤0.15(日平均)
氮氧化物(标准状态)/(毫克/米^3)	≤0.12(日平均)
氟化物/[微克/(分米^3·天)]	≤3(月平均)
铅(标准状态)/(微克/米^3)	≤1.5(季平均)

来源:顾小根.无公害畜禽生产技术手册[M].北京:中国农业科学技术出版社,2004:156.

2. 猪舍通风换气量的计算

猪舍的通风换气对改善舍内空气质量是很重要的,直接影响猪的健康和生产性能。但是目前我国大部分养猪场猪舍通风换气的状况完全是盲目的,有时换气时间很长,有时换气时间很短。换气时间多了,既浪费水电,又会降低冬季的舍内温度;换气时间短了,舍内空气污秽,有害人畜健康。下面介绍四种不同通风换气量的计算方法,供读者选用。

(1)根据二氧化碳计算通风换气量,计算公式如下:

$$L = \frac{mK}{C_1 - C_2} \quad \text{(公式 2-2)}$$

式中:L 为每小时由舍内排出的空气量(米^3/时),即该舍所需通风换气量(米^3/时);m 为舍内猪的头数;K 为每头猪每小时排出的二氧化碳量[升/(时·头)],舍内燃料取暖所产生的二氧化碳量也要计算在内;C_1 为舍内空气中二氧化碳最大允许含量(1.5升/米^3);C_2 为舍外大气中二氧化碳含量(0.3升/米^3)。

注意:实际上 C_1 与 C_2 基本上可当做常数,因各种畜舍内 CO_2 的标准含量不应超过 1.5升/米^3,即 0.15%,而大气中 CO_2 的含量也是稳定的,为 0.3升/米^3,或 0.03%。

举例:有一幢哺乳母猪舍,长53.0米,宽9.7米,高2.4米,养有80头母猪,其中有体重100千克哺乳母猪30头,150千克的哺乳母猪40头,200千克哺乳母猪10头。按CO_2含量计算,其通风量(每小时由舍内排出的空气量)应达多少?

计算步骤如下:

猪舍的体积$=53.0 \times 9.7 \times 2.4 = 1233.84$(米^3)

舍内80头母猪每小时产生的CO_2量(查附表1)为:

$87 \times 30 + 99 \times 40 + 114 \times 10 = 2610 + 3960 + 1140$

$= 7710$(升/时)

代入公式(2-2),得:

$$L = \frac{mK}{C_1 - C_2} = \frac{7710}{1.5 - 0.3} = \frac{7710}{1.2} = 6425(米^3/时)$$

由此得知:为使该猪舍1233.84米^{3}空气中的CO_2含量不超过0.15%,每小时必须排出6425米^{3}的污浊空气。

此法的缺点:所算得的通风量往往不足以排除舍内所产生的水汽,故只适用于温暖干燥的地区。

(2)根据舍内空气中水汽含量计算通风换气量,计算公式如下:

$$L = \frac{Q}{0.75(q_1 - q_2)}$$　　　　　　　　(公式2-3)

式中:L为猪舍内相对湿度保持在卫生要求范围内每小时的通风量(米^3/时);Q为猪在舍内排出的水汽量和由潮湿物体(包括地面)蒸发的水汽量的总和(克/时,由潮湿物体表面蒸发的水汽通常按猪在舍内产生水汽总量的25%计算);q_1为舍内空气中相对湿度保持在卫生要求范围内时所含的水汽绝对量(克/米^3);q_2为舍外进入畜舍内的新鲜空气中所含的水汽绝对量(克/米^3);0.75为水汽压(百帕)换算为汞柱(毫米)所产生的压强的系数。

举例:有一幢哺乳母猪舍,养有200千克哺乳母猪50头。猪舍的尺寸为:长53.0米,宽9.7米,高2.4米。要求舍内温度保持在8℃时的相对湿度不超过75%。1月份舍外气温为-5℃,水汽压为2.4百帕。求该猪舍的通风量。

在计算通风量时,从理论上说应将水汽压(百帕)换算成为每立方米空气中含水汽的克数,换算公式为:

$$q = \frac{0.975e}{1+at} \qquad (公式2-4)$$

式中:q 为水汽量(克/米³);e 为水汽压(百帕);a 为气体膨胀系数(1/273);t 为温度(℃)。

但实际上,在一般温度范围内 q 和 e 值相近,特别在温度较低、水汽饱和时,以"克/米³"表示和以汞柱高度(毫米)表示的数值相比只相差 0.1～0.2,这一点差异我们可以不予考虑,所以在计算时不必换算。

计算步骤如下:

50 头 200 千克哺乳母猪每小时产生的水汽量(查附表1)为:

50×320=16000(克/时)

由地面蒸发的水汽量为 50 头 200 千克哺乳母猪每小时产生的水汽量的 25%,即

16000×0.25=4000(克/时)

因此,

Q=16000+4000=20000(克/时)

查附表2得知舍温为 8℃ 时饱和水汽压为 10.7 百帕,那么在舍温 8℃、相对湿度为 75% 的条件下的水汽压为:

10.7×75%=8.025(百帕)

由于水汽量(克/米³)数值与水汽压(百帕)数值相近,因此可认为 q_1 为 8.025 克/米³,q_2 为 2.4 克/米³。

将数据代入公式(2-3)中求得

$$L = \frac{Q}{0.75(q_1-q_2)} = \frac{20000}{0.75\times(8.025-2.4)}$$

$$\approx \frac{20000}{4.219} \approx 4740.5(米^3/时)$$

即该哺乳母猪舍的通风量为 4740.5 米³/时。

在求得每小时换气量后,可以利用下列公式检查现有通风设备是否符合卫生要求。

$$L = VA \qquad (公式2-5)$$

式中：L 为通风量（米³/时）；V 为排气管的气流速度（米/时），可用风速计直接测定，也可查附表3；A 为排气管的总横断面积（米²）。

假设排气管高度为4.0米，温差为12℃，查附表3可知 $V=0.93$（米/秒）$=3348$（米/时），又已知 $L=4740.5$（米³/时），则

$$A = L/V = 4740.5 \div 3348 \approx 1.42 （米²）$$

可见，该猪舍的排气管总横断面积应有1.42米²，据此可对现有排气管的规格和数量进行核查。

说明：应用此法计算时，由于饲养管理方式、猪舍所在地地下水位的高低、墙壁的隔潮程度等都对计算结果有影响，而且本法计算所得的通风量一般要大于用二氧化碳计算的结果，所以在应用时要有一定灵活性。一般而言，这种方法较适用于潮湿、寒冷的地区。

(3) 根据舍内热量计算通风换气量。猪在呼出二氧化碳、排出水分的同时也不断地向外散发热量。这种热量可温暖舍内空气，使舍内的水汽、有害气体和灰尘等排出舍外，这是根据热量计算通风换气量的理论依据。

根据热量计算通风换气量的方法也叫热平衡法，表明猪舍通风换气必须在适宜的舍温环境中进行。计算畜舍热平衡的公式如下：

$$Q = \Delta t(1.3L + \sum KF) + W \qquad (公式2-6)$$

式中：Q 为猪产生的可感热量（千焦/时）；Δt 为舍内外空气温差（℃）；1.3为空气的容热量[千焦/(米³·℃)]；L 为通风换气量（米³/时）；$\sum KF$ 为通过外围护结构散失的总热量[千焦/(时·℃)]，其中 K 为外围护结构的总传热系数[千焦/(米²·时·℃)]，F 为外围护结构的面积（米²），$\sum$ 为各外围护结构散失热量相加的符号；W 为由地面及其他潮湿物体表面蒸发水分所消耗的热量，按猪总产热的25%计算。

此公式加以变化，就变成求通风换气量的公式，见公式(2-7)。

$$L = \frac{Q - \Delta t \cdot \sum KF - W}{1.3 \Delta t} \qquad (公式2-7)$$

根据热量计算通风换气量，实际上是根据舍内多余的热量来计算通风换气量，因此此法只能排除舍内多余的热量，而不能保证排除

冬季舍内多余的水汽和污浊空气,所以也有局限性。但此法的优点是可作为其他方法计算的通风换气量能否得到保证的检验手段,并能衡量猪舍保温性能的好坏。由于此法演算需要较多参数,计算过程又比较复杂,这里不举例演算,需要用到此法的读者可另参照东北农学院主编的《家畜环境卫生学》(第二版)。

(4)根据通风换气参数确定通风换气量。现在一些技术发达的国家已根据计算结果,为各种家畜制订了一张通风换气量技术参数表以便于生产者应用,其中猪的通风换气量技术参数见表2-11。

表2-11 各类猪(每头)的必需换气量参数

项目类别	周龄/周	体重/千克	换气量/(米³/分) 冬季 最低	换气量/(米³/分) 冬季 正常	换气量/(米³/分) 夏季
哺乳仔猪	0~6	1~8.9	0.6	2.2	5.9
育肥猪	7~9	9~17.9	0.04	0.3	1.0
育肥猪	10~13	18~44.9	0.04	0.3	1.3
育肥猪	14~18	45~67.9	0.07	0.4	2.0
育肥猪	19~23	68~95	0.09	0.5	2.8
繁殖母猪、种公猪	20~22	100~114.9	0.06	0.6	3.4
繁殖母猪、种公猪	23~52	115~134.9	0.08	0.7	6.0
繁殖母猪、种公猪	>52	135~230	0.11	0.8	7.0

通常,在生产中把夏季通风量作为猪舍最大通风量,把冬季通风量作为猪舍最小通风量。采用自然通风系统时,在北方寒冷地区以冬季通风量(最小通风量)作为依据确定通风管道面积。采用机械通风时,则必须根据夏季通风量(最大通风量)来确定总的风机面积。

举例:在我国南方某猪场有一幢肉猪舍,养有60千克的肉猪400头,冬季每头猪的正常换气量为0.4米³/分(见表2-11),则每头猪的正常换气量为24米³/时,那么它的总通风换气量应是多少?

总通风换气量＝400×24＝9600(米³/时)

因此,该肉猪舍在冬季需要的正常通风换气量为 9600 米³/时。

在上文中笔者介绍了四种猪舍通风换气量的计算方法,鉴于每种方法各有优缺点,读者要根据自己猪场所处的地理位置、设备条件、技术水平择优选用。

3.每小时通风换气次数和每次通风换气时间的计算

(1)每小时通风换气次数的计算。设有一幢哺乳母猪舍,养有体重 200 千克哺乳母猪 35 头。猪舍的尺寸为:长 53.0 米,宽 9.7 米,高 2.4 米。要求舍内温度保持 8℃ 时的相对湿度不超过 75%。1 月份舍外气温为 －5℃,水汽压为 2.4 百帕。求该猪舍每小时换气次数为多少?

该猪舍的换气次数的计算步骤如下:

该猪舍的体积＝53.0×9.7×2.4＝1233.84(米³)

将以上利用空气中水汽含量计算所得的哺乳母猪舍的通风量(4740.5 米³/时)除以猪舍体积,即可算出该猪舍每小时的换气次数。

该猪舍每小时换气次数＝4740.5÷1233.84≈3.84≈4.0(次)

(2)每次通风换气时间的计算。计算一次通风换气时间,首先要知道舍内气流的速度。用热球式电风速仪或卡他温度表测得舍内气流风速为 0.3 米/秒(若没有风速仪,也可用肥皂泡或香烟烟雾飘完 1 米距离所需时间来粗略估计),那么一次通风换气时间是多少?

$$\text{一次通风换气时间(分)} = \frac{\text{猪舍长度(米)}}{0.3(\text{米}/\text{秒}) \times 60(\text{秒}/\text{分})} \times 1.1$$

(10% 为遗漏系数)　　(公式 2-8)

$$\text{一次通风换气时间(分)} = \frac{53}{18} \times 1.1 \approx 3.24(\text{分})$$

若猪舍上下左右都吹得到风,而且风速都是 0.3 米/秒(实际上舍内气流速度是不均匀的),则一次通风时间是 3.24 分钟。这已经包括所估计的 10% 遗漏系数在内。但笔者建议为了让通风时间充分一点,可延长至 5 分钟左右,因为猪舍内难免存在通风死角。

(五)猪舍夏季自然通风最小通风开口(管口)面积和降温所需风扇台数的计算

1. 自然通风条件下猪舍的最小通风开口面积和机械通风系统的通风率

(1)自然通风条件下猪舍的最小通风开口面积见表2-12。

表2-12 自然通风条件下猪舍的最小通风开口面积

猪舍宽度/米	屋脊开孔/厘米	屋檐侧开孔/厘米	边墙开孔/厘米	边墙高度/米
6	10~15	6	76	2.5
7	13~15	7	92	2.5
9	15	8	108	2.5
10	18	9	122	2.5
12	20	10	150	2.75
13	22	11	154	2.75
14	23	12	180	3
15	25	13	185	3

来源:徐士清.瘦肉型猪高效饲养手册[M].上海:上海科学技术出版社,1999:297-298.

(2)机械通风系统的通风率。机械通风系统的通风率(换气率)列于表2-13。

表2-13 机械通风系统的换气率

猪的类型	猪的体重/千克	最小换气率/[米³/(时·头)]	最大换气率/[米³/(时·头)]
带仔母猪	180	34	850
培育前期仔猪	5.5~13.5	3.5	43
培育后期仔猪	13.6~33.9	5	60

续表

猪的类型	猪的体重/千克	最小换气率/[米³/(时·头)]	最大换气率/[米³/(时·头)]
生长猪	34~68	12	130
育肥猪	68~100	17	205
怀孕母猪	145	20	255
种公猪及配种母猪	180	24	510

来源:徐士清.瘦肉型猪高效饲养手册[M].上海:上海科学技术出版社,1999:298.

2. 机械通风方式下所需风扇台数的计算

若采用机械通风方式,则先要了解通风机械的通风能力,见表2-14。

表2-14 猪要求的通风机械的通风能力

猪的类别	猪要求的最大通风能力/[米³/(时·头)]	进气/[米²/(时·头)]	不同通风扇的排气能力
泌乳母猪	200~250	0.05~0.06	直径30厘米,1800米³/时;
断乳仔猪	30	0.01	直径35厘米,3000米³/时;
母猪和公猪	150	0.04	直径40厘米,4500米³/时; 直径45厘米,6000米³/时;
育肥猪	100	0.025	直径50厘米,8000米³/时

来源:杨文科,陈健雄,张建远,等.养猪场生产技术与管理[M].北京:中国农业大学出版社,1998:185.

所需风扇台数=猪舍内养猪头数×一头猪要求的最大通风能力(米³/时)÷一台通风扇的排气能力(米³/时)

(公式2-9)

举例:设有一幢肉猪舍,养有350头育肥猪。试求出它要求的最大通风能力和需安装直径50厘米的通风扇台数。

要求的最大通风能力=350×100=35000(米³/时)

需要安装直径50厘米的通风扇台数=35000÷8000
=4.375≈4.0(台)

(六)自然通风情况下通风量的计算

1. 自然通风情况下的通风能力

自然通风情况下每头猪要求的通风能力见表2-15。

表2-15 自然通风情况下每头猪要求的通风能力

猪的类别	猪要求的最大通风能力/[米³/(时·头)]	进气/[米²/(时·头)]	排气/[米²/(时·头)]
泌乳母猪	200~250	0.1~0.125	0.05~0.06
断乳仔猪	30	0.015	0.01
母猪和公猪	150	0.075	0.04
育肥猪	100	0.05	0.025

来源:杨文科,陈健雄,张建远,等.养猪场生产技术与管理[M].北京:中国农业大学出版社,1998:184.

2. 自然通风情况下通风量和风管断面积的计算

在确定畜舍通风换气量之后,可求得排气管的面积。排气管的总断面积的计算公式如下:

$$A = L/V \qquad (公式2-10)$$

式中:A 为排气管的总断面积(米²);L 为已确定的通风换气量,即必须从舍内排出的污浊空气量(米³/秒);V 为空气在排气管中的流速(米/秒)。

在求得排气管总断面积之后,根据每个排气管的断面积,可求出该畜舍需要安装的排气管的个数,然后再确定进气管的面积。进气管面积按排气管面积的1/2计算,因为有部分空气会通过门窗缝隙、建筑物结构不严密处,同时启闭门窗时也会有部分空气进入舍内,所以进气管的面积要小于排气管面积。在我国,排气管口常设计为70厘米×70厘米的正方形,进气管口常设计为25厘米×25厘米的正方形。

以上是计算风管面积的理论依据,在实际应用中还要考虑通风效率的问题,因为通风效率受诸多因素的影响,所以在计算通风量时要乘以出气口面积与进气口面积比值(R)的系数(K_h)。从两张表(表2-16、表2-17)中的 K_h 值可见,热压通风和风压通风的效率迥然不同,因此用这两种方法计算的风管面积的结果会有所不同。

表2-16　热压通风出气口面积与进气口面积的比值(R)及其系数(K_h)

出气口面积/进气口面积(R)	与R相应的系数(K_h)
1/4	136.8
1/2	232.0
3/4	338.4
1	339.6
2	504.0
3	532.8
4	547.2
5	550.8

来源:东北农学院.家畜环境卫生学[M].2版.北京:农业出版社,1990:170.

表2-17　风压通风出气口面积与进气口面积的比值(R)及其系数(K_h)

出气口面积/进气口面积(R)	与R相应的系数(K_h)
1	596
2	756
3	804
4	822
5	832
3/4	510
1/2	378
1/4	208

来源:东北农学院.家畜环境卫生学[M].2版.北京:农业出版社,1990:171.

(1)热压通风量的计算方法。热压通风量的计算公式如下：

$$L = K_h A_1 \sqrt{h\theta}$$ （公式2-11）

将公式移项得通风口面积（米²）的公式：

$$A_1 = L/(K_h \sqrt{h\theta})$$ （公式2-12）

式中：A_1 为出气口面积（米²）；L 为通风量（米³/时）；K_h 为出气口面积与进气口面积的比值（R）的系数（见表2-16）；h 为进出气口之间的高度差（米）；θ 为舍内外空气的温差（℃）。

举例：设有一幢肉猪舍，养有400头肉猪。已知每头舍饲肥猪的通风量30米³/时，进出气口之间的高度差为2.5米，舍内外温差为10℃，出气口面积/进气口面积为2∶1，试计算该猪舍的出气口面积。

出气口面积（A_1）= 30×400÷(504.0×$\sqrt{2.5×10}$)
= 12000÷(504×5) ≈ 4.8（米²）

若采用70厘米×70厘米（0.49米²）规格的出气管，则需要出气管约10（4.8÷0.49≈9.796≈10）个，根据出进气口面积的比例（2∶1）可知，进气口面积应为2.4米²，需要同样规格的进气管约5个。若采用25厘米×25厘米（0.0625米²）规格的进气管，则需要约38（2.4÷0.0625≈38）个。

(2)风压通风量的计算方法。风压通风量的计算方法如下：

$$A_1 = L/(K_h V)$$ （公式2-13）

式中：A_1 为进气口面积（米²）；L 为通风量（米³/时）；V 为平均风速，设定为40米/时；K_h 为出气口面积与进气口面积的比值（R）的系数（见表2-17）。上例的计算结果如下：

进气口面积（A_1）= $L/(K_h V)$ = 30×400÷(756×40) ≈ 0.4（米²）

若采用25厘米×25厘米（0.0625米²）规格的进气管，则只需要该规格的进气管约6（0.4÷0.0625=6.4≈6）个。若进气管加大到70厘米×70厘米的规格，则需要该规格的进气管约1（0.4÷0.49≈0.82≈1）个。因为出气口面积是进气口面积的2倍，即0.8米²，若采用70厘米×70厘米规格的出气管，则需要安装约2（0.8÷0.49≈1.6≈2）个。可见，风压通风量计算的通气管面积明显比热压通风量计算的要少，其安装的通风管数量也比热压通风量计算的要少。

然而在实践中,热压通风在畜舍自然通风中起的作用大约只有10%,主要靠风压通风。但风压通风量受风向和风速的影响很大,因此在进出口面积的设计上要因地制宜,既要注意挡风,又要随风向、风力的变化适时调整通气口断面积的大小。

(七)供给充足、安全的饮用水

水是组成猪身体的主要成分,占猪体重的60%~70%,仔猪含水量更高。水既是组成细胞不可缺少的成分,也是各种营养物质的最佳溶剂和运输媒介,并在体温调节、废物排泄等方面起着重要作用。若猪处于缺水状态,就会出现食欲减退、生长缓慢、代谢机能紊乱等症状,哺乳母猪还会出现便闭和少乳。严重缺水(如失水20%)还会引起动物死亡。

1.猪的日饮水量及猪场需储备的饮用水量的估计

(1)各种猪的日饮水量。日本茨城分场对生长猪的日饮水量进行了详细测定,测定结果见表2-18。

表2-18 青年猪的日饮水量

季节	平均体重/千克	饮水量/毫升	比例/%			与饲料的比例	与体重的比例/%	最大饮水量/升
			夜间—早晨	早晨—中午	中午—晚上			
夏	31.4	7.33	31.2	31.6	37.2	5.0	23.3	23.2
春、秋	59.1	9.65	30.4	38.7	30.9	4.1	16.3	23.2
冬	46.7	4.89	32.1	37.9	30.0	2.6	10.5	23.2

来源:笹崎龙雄.养猪大成[M].3版.北京:农业出版社,1988:98.

据报道,每头成年猪和幼猪每天的需水量为:非妊娠青年母猪为11~13千克,妊娠母猪为20千克,哺乳母猪为20~25千克,育肥猪为每100千克体重需水7千克,5～8周龄幼猪为每100千克体重需水20千克。

此外,猪饮水量还受气温、饲料采食量、运动、饲料类型等因素影响,如夏天的饮水量可以比冬天增加0.5～1.0倍,而且个体间差异也很大。

(2)猪场需储备的饮用水量的估计。

猪场需提供的饮用水总量(吨/日)=$\sum(N_iP_i)\times 1\times 1.3\div 1000$

(公式2-14)

式中:N_i为某一种猪的存栏头数;P_i为某一种猪的饮用水量(升/日);1是指水的密度,可统算为1千克/升;1.3是指如遇恶劣天气时增加30%的贮备量;1000是把单位千克(1升水的质量为1千克)换算为吨的系数。

现将各种猪的日饮用水总量列于表2-19。

表2-19 各种猪的日饮用水总量估计表

猪别	各种猪的存栏头数(N_i)/头	日饮用水量(P_i)/(升/头)	各种猪的日饮用水总量(N_iP_i)/升
成年公猪	28	20	560
后备公猪	14	13	182
后备母猪	169	13	2197
待配母猪	36	13	468
怀孕母猪	510	20	10200
哺乳母猪	120	25	3000
哺乳仔猪	1096	0.5	548
保育仔猪	2128	5	10640
育肥猪	3419	10	34190
病猪	35	5	175

将表2-19中最后一列的数据代入公式:

猪场需供应的饮用水总量(吨/日) = $\sum(N_i P_i) \times 1 \times 1.3 \div 1000$
$= (560+182+2197+468+$
$10200+3000+548+10640+$
$34190+175) \times 1 \times 1.3 \div 1000$
$= 62160 \times 1 \times 1.3 \div 1000$
$= 80.808 \approx 80.81$(吨/日)

由计算结果可知：这个万头猪场每天需有80.81吨饮用水供应才能满足猪的一天饮用水需要(不包括生活用水)。

另外，利用自动饮水器供水时，无论猪只大小，每头每天溢流水量平均为6.2～6.5千克，所以在统计每头猪每天水的消耗量时应在测得的饮水量基础上增加6.2～6.5千克，但在估算排尿量时则不应包括溢流水量。

2. 猪场需建蓄水池容量的计算

蓄水池贮水量(米^3) = $3.1416 \times [$水面直径(米)$\div 2]^2 \times$
水深(米)   (公式2-15)

举例：设蓄水池为圆形，其直径为5米，水深为5米，则该池能容纳多少饮用水？

蓄水池贮水量 = $3.1416 \times (5 \div 2)^2 \times 5 = 3.1416 \times 2.5^2 \times 5$
$= 3.1416 \times 6.25 \times 5 = 98.175$(米^3)

因此，该圆形大蓄水池能贮水98.175吨(1米^{3}水的质量为1吨)，能满足该场一天饮水量80.81吨的需要。

另外，为了保证猪在恶劣的自然条件下能不间断获得所必需的饮水量，猪场要有1.5个月的储水量以备用。

3. 饮用水消毒

(1)猪饮用水的卫生指标。农业部制定的《无公害畜禽肉产地环境要求》(GB/T18407.3—2001)行业标准提出畜禽饮用水质量指标应符表2-20的要求。

表 2-20 畜禽饮用水质量指标

饮用水质量指标	允许的含量(数量或范围)
砷/(毫克/升)	≤0.05
汞/(毫克/升)	≤0.001
铅/(毫克/升)	≤0.05
铜/(毫克/升)	≤1.0
铬(六价)/(毫克/升)	≤0.05
镉/(毫克/升)	≤0.01
氰化物/(毫克/升)	≤0.05
氟化物(以 F 计)/(毫克/升)	≤1.0
氯化物(以 Cl 计)/(毫克/升)	≤250
六六六/(毫克/升)	≤0.001
滴滴涕/(毫克/升)	≤0.005
总大肠菌群/(个/升)	≤3
pH	6.5～8.5

来源:顾小根.无公害畜禽生产技术手册[M].北京:中国农业科学技术出版社,2004:156.

(2)饮用水消毒。蓄水池的水要定期消毒,否则猪只饮用后易引发腹泻等疾病。饮用水消毒的方法有多种,一般多采用氯化消毒法,即采用有效氯含量为 25% 的漂白粉消毒。漂白粉的需要量计算如下:

漂白粉用量(克)=蓄水池贮水量×加氯量÷漂白粉有效氯含量

(公式 2-16)

举例:设蓄水池贮水量为 98.175 吨,加氯量为每升 2 毫克(即每吨 2000 毫克),包括需氯量和余氯量(水中剩余量要求为 0.2%～0.4%),则漂白粉的用量为多少?

漂白粉用量(克)=98.175×2000÷1000÷25%≈785.4(克)

投放方法：①投放的漂白粉需先放在小容器中用少量水调成糊状，再加适量水冲稀，静置待残渣沉淀后，取上清液倒入蓄水池内，并设法搅动水体使之混匀。半小时后，取水样测定余氯含量，合格后即可启用。一般加氯后过30分钟就可使用。②若水体已遭污染，则第一次消毒时漂白粉加入量要增加3～4倍。加入后先清洗池壁，再封闭半天，经测定各项指标合格后才可启用，以后则可按一般剂量进行经常性消毒。若水中氯味太重，可采取"汲去旧水不断涌入新水"的更替办法，使水中氯味逐渐消除；或水中余氯按1毫克/升计算，投入3.5毫克/升的硫代硫酸钠脱氯后再用。③若用"漂白粉精"作为消毒剂，其有效氯含量为60%～70%，则要按照此有效氯含量计算漂白粉精的用量。④饮用水消毒除氯化法外，还有紫外线照射法、臭氧法、超声波法等，各场可根据自己场的条件自行选用。

不同水源消毒的加氯量见表2-21。

表2-21 不同水源消毒的加氯量

水源种类	加氯量/(毫克/升)	水中加漂白粉的量/(克/米^3)
深井水	0.5～1.0	2.0～4.0
浅井水	1.0～2.0	4.0～8.0
土坑水	3.0～4.0	12.0～16.0
泉水	1.0～2.0	4.0～8.0
湖水、河水（清洁、透明）	1.5～2.0	6.0～8.0
湖水、河水（水质混浊）	2.0～3.0	8.0～12.0
塘水（环境较洁）	2.0～3.0	8.0～12.0
塘水（环境不洁）	3.0～4.5	12.0～18.0

注：表中漂白粉按25%有效氯计算。
来源：王翔朴.卫生学[M].2版.北京：人民卫生出版社，1986：62.

4. 水的混凝沉凝法和除臭法

(1) 水的混凝沉凝法。常用的混凝剂有铝盐（明矾、硫酸铝等）和铁盐（硫酸亚铁、三氯化铁等）。它们与水中原有的钙、镁重碳酸盐作用，分别形成带正电荷的氢氧化铝和氢氧化铁的胶状物[化学反应式为 $Al_2(SO_4)_3 + 3Ca(HCO_3)_2 \Longrightarrow 2Al(OH)_3 \downarrow + 3CaSO_4 + 6CO_2 \uparrow$；$2FeCl_3 + 3Ca(HCO_3)_2 \Longrightarrow 2Fe(OH)_3 \downarrow + 3CaCl_2 + 6CO_2 \uparrow$]，$Al(OH)_3$ 和 $Fe(OH)_3$ 与水中带负电荷的微粒相互吸引而凝集，形成逐渐增大的絮状物而沉淀。

普通河水若用明矾进行混凝沉淀时，其用量约为 40～60 毫克/升，但效果会受水温、pH、混浊度等因素影响，并且不同混凝剂的使用效果也不同。

(2) 水的除臭法。水的除臭法有三种：①用活性炭粉末作滤料将水过滤除臭，或在水中加活性炭使之与水中微粒混合沉淀，然后经砂滤除臭。②用大量氯输入水中除臭，然后再除去氯味。③如果因水中繁殖大量藻类而发臭，可在水中投入硫酸铜灭藻除臭，剂量不超过 1 毫克/升。

（八）一个万头猪场一天粪尿排泄量的估计

据我国台湾省洪嘉谟先生的研究，猪在按 NRC 营养标准饲养和采用自动饮水器任其饮水的情况下，粪尿排泄量可用下列公式估算：

$YF = -0.049 + 0.530F$ （公式 2-17）

$YU = 0.205 + 0.438W$ （公式 2-18）

式中：YF 为粪便排泄量（千克）；F 为饲料采食量（千克）；YU 为尿排泄量（千克）；W 为饮水量（千克）。

举例：一头 60 千克的青年母猪，每天饲料采食量为 1.95 千克，每天饮水量为 6.04 千克，求其一天的排粪量和排尿量是多少？

一天的排粪量$(YF) = -0.049 + 0.530 \times 1.95$
$= -0.049 + 1.0335 \approx 0.98$（千克）

一天的排尿量$(YU) = 0.205 + 0.438 \times 6.04$
$= 0.205 + 2.64552 \approx 2.85$（千克）

下面把不同体重、不同饲养方式下猪的饲料采食量、粪尿排泄量测算结果列于表2-22。

表2-22 不同体重、不同饲养方式下的猪的饲料采食量、粪尿排泄量

单位:千克

项目	体重 20千克	体重 40千克	体重 60千克	体重 80千克	体重 100千克
饲料采食量(限食)	1.18	1.57	1.96	2.27	2.58
排粪量(限食)	0.43	0.71	0.99	1.26	1.54
饲料采食量(任食)	1.39	1.85	2.31	2.77	3.23
排粪量(任食)	0.69	0.93	1.18	1.42	1.66
饮水量	5.12	5.58	6.04	6.50	6.96
排尿量	2.45	2.65	2.85	3.05	3.26
排粪尿量(限食)	2.88	3.36	3.84	4.32	4.79
排粪尿量(任食)	3.14	3.58	4.03	4.47	4.92

根据日本桧垣繁光的研究(1979),各种猪的粪尿排泄量列于表2-23。

表2-23 各种猪的粪尿排泄量(原始量)

猪别	饲养期/天	每头日排泄量/千克			每头年饲养期排泄量/吨		
		粪量	尿量	合计	粪量	尿量	合计
种公猪	365	2.0~3.0	4.0~7.0	6.0~10.0	0.9	2.0	2.9
哺乳母猪	365	2.5~4.2	4.0~7.0	6.9~11.2	1.2	2.0	3.2
后备母猪	180	2.1~2.8	3.0~6.0	5.1~8.8	0.4	0.8	1.2
出栏猪(大)	180	2.17	3.5	5.67	0.4	0.6	1.0
出栏猪(小)	90	1.3	2.0	3.3	0.12	0.18	0.30

注:1.出栏猪(大)和出栏猪(小)每头日排泄量(千克)的数据为平均值。

2.年粪(尿)排泄量(吨)=日产粪(尿)排泄量(千克)×饲养期(天)×10^{-3}

来源:中国农业大学,上海市农业广播电视学校,等.家畜粪便学[M].上海:上海交通大学出版社,1997:49.

(九)驱除蚊蝇方法介绍

养猪场每到夏天饱受蚊蝇危害,尤其是蚊子,不仅叮咬猪,吸吮猪的血液,骚扰其休息,影响猪正常生长发育,而且还会传播疫病,如猪瘟、伪狂犬病、钩端螺旋体、猪痢疾、附红细胞体、疥螨、仔猪脑膜炎型链球菌病等,给生产者造成惨重的经济损失。

1. 消灭或驱除蚊子的方法

(1)乌尤图发明的电动吸蚊蝇器。

(2)郑飞洋发明的新型灭蚊蝇拍:由网拍和灭蚊蝇涂料组成,挥拍可以消灭飞旋中的蚊蝇,但只限于小范围内使用,如母猪分娩时、仔猪哺乳时等。

(3)广州家宝科技电器厂生产的光触灭蚊器。

(4)灭害灵:主要成分是苄氯菊酯,使用时配以适量酒精和香精,喷在畜舍地面上或蚊子活动和栖息的地方,高效低毒,基本无残留。

(5)薄荷驱蚊法:取薄荷叶捣烂取汁,加少量白酒,擦于畜体表面。也可采集薄荷叶挂在猪舍内。

(6)蓖麻叶等熏烟法:将蓖麻叶或苦艾拧成粗绳,吊在畜舍内点燃熏烟。采用此方法时要注意防火。

(7)蚊香驱蚊法:主要成分是除虫菊酯,点燃后蚊子闻后中毒昏倒。采用止方法时要注意防火。

(8)美曲膦酯(敌百虫)灭蚊法:用90%美曲膦酯(敌百虫)25克,加水8000毫升喷于污水池或粪池的水面上,可很快杀灭蚊子幼虫。

(9)灭蚊灯。

2. 消灭或驱除苍蝇的方法

(1)自动捕蝇器灭蝇法。据山东省济宁养殖协会曹相水介绍,用神仆自动捕蝇器灭蝇,效果较好。

(2)挂药液草绳法。拧几条粗草绳,用灭害灵等药水浸泡几分钟后挂在畜舍内。采用此方法时要注意人畜安全。

（3）挂敌敌畏布条法。用敌敌畏浸泡布条后挂在空猪舍内，让其自然挥发灭蝇。挂上布条后人畜一定要立即离开现场，等到启窗通风基本闻不到药味后才可进入。

（4）敌敌畏乳剂纸熏烟法。用80％敌敌畏乳剂2毫升或50％的4毫升，滴在纸上，在畜舍的安全地方点燃，再用鲜草盖上，使其慢慢熏烟，然后闭窗半小时后开窗通风。采用此方法时要注意人畜安全。

（5）美曲膦酯（敌百虫）液诱食法。在0.1％美曲膦酯（敌百虫）或0.05％敌敌畏液中加入腥味诱食剂，拌匀，置于猪舍适当地方。诱饵不能日晒雨淋，且须隔日补加一次。采用此方法时要注意人畜安全。

（6）美曲膦酯（敌百虫）灭蛆法。用0.1％～0.2％美曲膦酯（敌百虫）500毫升喷洒于粪坑、粪堆上，可杀灭其中的苍蝇和蛆。此法处理过的猪粪要过几天才能浇地。

（7）柴油液熏蒸法。取鲜树叶500克，用绳扎起来，浇上由柴油3份、水7份配制成的溶液，挂在门窗处，7天一换。

（8）杀蝇药拌料法。在配合饲料中添加环丙氨嗪5～10毫克/千克，按说明使用，隔周饲喂或连续饲喂4～6周。由于环丙氨嗪进入猪体内基本不被吸收，大部分都以药物原形的形式随粪便排出体外，分布于猪的粪便中，直接阻断蛆的神经系统的发育，使蛆不能蜕变成蝇而直接死亡，因而控制了苍蝇的产生。注意：环丙氨嗪在饲料中一定要搅拌均匀。

3. 杀灭或驱除牛虻的方法

在海涂和山区的养猪场，夏天还有牛虻危害的问题。牛虻的数量虽较少，但个头比蚊蝇大，叮咬和吸血都比蚊蝇更凶，对养猪生产的危害不可小看。杀灭或驱除牛虻的方法有两种。

（1）蝇毒磷粉剂水溶液喷洒法。将25％蝇毒磷粉剂配成0.5％～0.7％的水溶液，喷在畜体表面上，效果好，无毒副作用。

（2）风油精驱牛虻法。在一碗水中滴入几滴风油精，搅匀，喷在畜体表面，能驱赶牛虻。也可将风油精滴在风机的叶片上，随风吹到

全舍,可用于大面积驱除牛虻。此外,风油精还有治病作用,可治疗中暑、腹泻等疾病。

消灭蚊蝇是一件较困难的事情,较难满意解决,其症结是蚊蝇繁殖力强,会一批又一批不断地繁殖出来,而且孳生地范围广泛,所以很难彻底根除。要消灭蚊蝇,根本措施在于搞好环境卫生,消灭孑孓和蛆的孳生地。以上介绍的方法虽是各地经验之谈,但难免有局限性,读者在使用之前要先用少量猪做一两次试验,在明确安全性和应用效果之后,才可大规模应用,切忌盲目照搬。另外,在应用过程中还要注意防火和安全性问题,药品要妥善保管,要放到儿童取不到的地方。

(十)环境绿化

畜牧场的环境绿化有如下好处:

(1)绿化可改善场内小气候。如在夏天,绿化地温度可比非绿化地降低 3~5℃;在冬季,绿化地与非绿化地相比,尽管平均温度和最高温度较低,但最低温度却较高。

(2)绿化地的相对湿度比非绿化地高 10%~20%,这在夏季非常重要。

(3)绿化地的风速与非绿化地相比:冬季降低 20%,其他季节降低 50%~80%。

(4)绿化可净化空气。如气流穿过绿化带可阻留和净化场内 25%的有害气体;在生长季节,每公顷阔叶林每天可吸收约 1000 千克二氧化碳,生产约 730 千克氧气;绿化还能吸收场内污浊空气中的部分氨气,降低场内臭气。

(5)绿化可减少场内空气中的微粒灰霾。在夏季,气流穿过绿化地时,可使微粒灰霾量下降 35.2%~66.5%。

(6)绿化可使外来噪音降低 10 分贝以上。

由此可见,环境绿化对改善畜牧场的环境卫生、提高人畜生活质量具有重要意义,这也是如今大力提倡生态养殖的重要原因。一般而言，猪场的绿化面积不应少于猪场总面积的30%。可布局营造场界林带、场区隔离林带、道路两旁绿化带、运动场的遮阴林以及绿化场内所有可利用的零星土地。牧场绿化树种的选用也很有讲究，场界林带可相间种植乔木和灌木树种，以北京为例，可选用北京杨、榆树、垂柳、喜树、常绿针叶树类等乔木和紫穗槐、刺榆、榆叶梅、柽柳、醋栗等灌木；场区隔离林宜种植北京杨、柳树、榆树、喜树等，其两侧再种些灌木；道路两旁宜种些树冠整齐的树种，如槐树、银杏、唐槭、水杉、胡桐等；运动场的遮阴林宜种植北京杨、加拿大杨、槐树、枫树以及枝条开阔的果树类等。

三、科学的饲养管理

(一)各种猪的日粮摄入量的估算

估计各种猪的日粮摄入量,首先要计算各种猪的日消化能的需要量,然后除以每千克日粮的消化能,即得饲料的日摄入量。若饲料的日摄入量不足,会影响猪的生长发育;若饲料的日摄入量过量,则不仅会使猪发胖,而且浪费饲料。饲料成本约占养猪成本的80%,准确计算猪的日粮摄入量,使猪的日粮摄入量在保证正常生长发育的条件下既不多也不少、恰到好处,是养猪生产上的一项重要研究内容。

1. 阉公猪和青年母猪的日消化能(DE)需要量和日粮摄入量的估计

(1)阉公猪和青年母猪的日消化能(DE)需要量的估算。

$$消化能需要量(千卡/天) = 1250 + BW \times 188 - BW^2 \times 1.4 + BW^3 \times 0.0044 \quad (公式3-1)$$

(注:1卡=4.184焦,下同)

由公式(3-1)估计所得的消化能(DE)需要量,阉公猪应加上校正值,青年母猪应减去校正值。校正值估算公式如下:

$$校正值(千卡/天) = DE_1 \times (-0.083 + BW \times 0.00385 - BW^2 \times 0.0000235) \quad (公式3-2)$$

式中:BW表示体重(千克);DE_1代表由公式(3-1)所估计出来的阉公猪和青年母猪的消化能摄入量(千卡/天)。

举例:有一头50千克体重的青年母猪,则它的日消化能(DE)的需要量应是多少?

$$\begin{aligned}消化能需要量 &= 1250 + 50 \times 188 - 50^2 \times 1.4 + 50^3 \times 0.0044\\ &= 1250 + 9400 - 3500 + 550 = 7700(千卡/天)\\ &\approx 32.22(兆焦/天)\end{aligned}$$

校正值＝7700×(−0.083＋0.1925−0.05875)
　　　＝7700×0.05075≈390.78(千卡/天)
　　　≈1635.02(千焦/天)
青年母猪的估计日消化能需要量应减去校正值,应为:
　　7700−390.78＝7309.22(千卡/天)≈30.58(兆焦/天)
(2)母猪的日粮摄入量的估计。设每千克配合料含消化能(DE)3100千卡,则青年母猪的日喂配合饲料量应为:
　　7309.22÷3100≈2.36(千克)

2. 怀孕母猪的日消化能(DE)需要量和日粮摄入量的估计

怀孕母猪的日消化能(DE)需要量包括维持需要量、组织沉积(包括母体组织沉积、胚胎发育以及妊娠产物组织沉积,其中又包含瘦肉和脂肪组织沉积)需要量及调节体温需要量。

计算步骤如下:

(1)计算妊娠期间母猪每天维持所需消化能(DE)的需要量。由于下文所得的资料是代谢能(ME)的资料,因此要先算出代谢能(ME)的需要量,然后除以0.96(ME换算为DE的系数),即可求出消化能(DE)的需要量。

怀孕母猪每天维持所需代谢能(千卡)
＝$[BW(千克)]^{0.75}$×106(千卡/千克)

或

怀孕母猪每天维持所需消化能(千卡)
＝$[BW(千克)]^{0.75}$×110(千卡/千克)　(NRC,1988)　(公式3−3)
式中:$BW^{0.75}$为单位代谢体重(或称空体重)。

举例:有一头体重为150千克的怀孕母猪,则它每天维持所需消化能的需要量应是多少?

每天维持所需代谢能(ME)＝$[BW(千克)]^{0.75}$×106(千卡/千克)
　　　　　　　　　　　＝$150^{0.75}$×106
　　　　　　　　　　　＝42.86×106＝4543.16(千卡)
　　　　　　　　　　　≈19.01(兆焦)

因为代谢能除以系数 0.96 即转换为消化能,故

该母猪每天维持所需消化能(DE)
＝代谢能÷0.96＝4543.16÷0.96
≈4732.46(千卡)≈19.80(千焦)

(2)计算妊娠期间妊娠产物日增重和母体日增重的能量需要量。

1)妊娠产物日增重的消化能(DE)需要量。根据 Beyer 等(1994)的研究结果,与每个胎儿相关的妊娠产物总重量为 2.28 千克(其中含蛋白质 246 克),妊娠产物日增重为 19.8 克/天,妊娠产物组织沉积的日代谢能(ME)需要量为 35.8 千卡/胎儿。笔者借用该研究资料,假定这头母猪怀有 10 个胎儿,则妊娠产物日增重的代谢能(ME)需要量为:

$$35.8 \times 10 = 358(千卡) \approx 1497.87(千焦)$$

妊娠产物日增重的消化能(DE)需要量为:

$$358 \div 0.96 \approx 373(千卡) \approx 1560.28(千焦)$$

2)计算母体日增重的消化能需要量。妊娠母猪总日增重减去妊娠产物日增重后的其余部分则为母体日增重,包括瘦肉和脂肪组织的日增重。母体的日总增重(克)可从实测数据获得,也可根据用户提供的能量摄入量按以下公式求出。

母体日总增重(克)＝87＋MEG×0.12171　　　(公式3-4)

式中:MEG 为母猪日增重的代谢能(千卡)。

公式(3-4)经过移项,得

$$MEG = [母体日总增重(克) - 87] \div 0.12171$$

若母猪的日总增重为 220 克,则

MEG ＝(220－87)÷0.12171＝133÷0.12171
　　　≈1092.76(千卡)≈4572.11(千焦)

母猪日增重的消化能＝1092.76÷0.96≈1138.29(千卡)
　　　　　　　　　≈4762.61(千焦)

根据以上计算结果,该母猪的日总消化能需要量为

$$4732.46 + 373 + 1138.29 = 6243.75(千卡) \approx 26.12(兆焦)$$

(3)估算妊娠母猪日粮摄入量。设每千克日粮含消化能 3100 千卡,用母猪每日总消化能(DE)需要量除以每千克日粮的消化

能,即得日粮摄入量。在本例中,假设在日平均标准室温 20℃条件下,母猪妊娠期的日粮摄入量为

$$6243.75 \div 3100 \approx 2.01 (千克)$$

如果平均室温低于 20℃,则每降低 1℃需要额外提供消化能 250 千卡/天。若室温降到 15℃,则日需消化能(DE)增加到

$$6243.75 + 250 \times 5 = 6243.75 + 1250 = 7493.75(千卡) \approx 31.35(兆焦)$$

日粮摄入量需要就要增加到

$$7493.75 \div 3100 \approx 2.42 (千克)$$

3. 哺乳母猪的日消化能(DE)需要量和日粮摄入量的估计

(1)哺乳母猪的日消化能(DE)需要量。哺乳母猪的日消化能(DE)需要量由下面四部分组成,计算步骤如下:

1)计算维持所需日消化能。母猪每天维持所需代谢能为$[BW(千克)]^{0.75} \times 106(千卡/千克)$或消化能为$[BW(千克)]^{0.75} \times 110(千卡/千克)$(NRC,1988)。假设一头母猪体重为 150 千克($150^{0.75} = 42.86$),则

$$每天维持所需消化能(DE) = 42.86 \times 110 = 4714.60(千卡)$$
$$\approx 19.73(兆焦)$$

2)计算母猪产奶所需日消化能(DE)。哺乳母猪主要是生产母乳哺育仔猪,母猪以奶的形式转移为哺乳仔猪的能量,据 Noblet 和 Etienne(1989)的研究,可用下列方程表示:

奶能量(总能,千卡/天)= 4.92×窝增重(克/天)- 90×仔猪头数

(公式 3-5)

假设日粮代谢能转化为奶中能量的效率为 0.72,则将奶能量除以 0.72 即为生产该水平奶所需的日粮代谢能(Noblet 和 Etienne,1987)。

举例:一头母猪产仔数为 10 头,平均每天窝增重为 2400 克,则该母猪每天产奶所需消化能为多少?

$$奶能量(总能,千卡/天) = 4.92 \times 2400 - 90 \times 10$$
$$= 11808 - 900 = 10908(千卡/天)$$
$$\approx 45.64(兆焦/天)$$

产奶所需的日粮代谢能=10908÷0.72=15150(千卡/天)
$$\approx 63.39(兆焦/天)$$
产奶所需的日粮消化能=15150÷0.96=15781.25(千卡/天)
$$\approx 66.03(兆焦/天)$$

3)计算母猪体组织转化的日消化能(DE)。假设这头母猪日增重为-450克(母猪在哺乳期是负增重),其中蛋白质增重可根据Beyer等(1944)的数据由公式(3-6)计算而得。由于瘦肉组织的蛋白质含量是23%,所以蛋白质增重除以0.23即转换为瘦肉组织的增重(克/天)。

瘦肉组织的增重(克/天)=$(1.47+ADG\times 0.094)\div 0.23$

(公式3-6)

式中:ADG 为母猪的平均日增重(克)。

这头母猪的瘦肉组织增重=$[1.47+(-450)\times 0.094]\div 0.23$
$$=(1.47-42.3)\div 0.23$$
$$=-40.83\div 0.23\approx -177.52(克/天)$$
母猪的脂肪组织增重=$-450-(-177.52)$
$$=-272.48(克/天)$$

已知脂肪组织含脂肪90%,假设母猪每动员1克蛋白质可以提供5.6千卡总能(GE),每动员1克脂肪可以提供9.4千卡总能,而体组织提供的能量转化为奶能量的效率为0.88,日粮代谢能(ME)转换成奶能量的效率为0.72,则

母猪体组织转化的奶能量(千卡/天)
=[瘦肉组织增重(克/天)×23%×5.6+
脂肪组织增重(克/天)×90%×9.4]×0.88 (公式3-7)

这头母猪体组织转化的代谢能
=母猪体组织转化的奶能量÷0.72
=(177.52×23%×5.6+272.48×90%×9.4)×0.88÷0.72
=(228.65+2305.18)×0.88÷0.72
≈3096.90(千卡/天)

4)体温调节所需日消化能。本模型是将24小时的平均温度

20℃作为理想的温度条件,从 20℃开始每降低 1℃,母猪每日需额外从日粮中摄取 323 千卡 DE(或 310 千卡 ME);温度每升高 1℃,母猪每日将减少 323 千卡 DE(或 310 千卡 ME)。假设猪舍温度为 10℃,则

每日需额外从日粮中摄取的消化能 = 323×10 = 3230(千卡)
$$\approx 13.51(兆焦)$$

或

每日需额外从日粮中摄取的代谢能 = 310×10 = 3100(千卡)
$$\approx 12.97(兆焦)$$

因此,

该头母猪每天共需消化能
= 维持所需日消化能 + 产奶所需日消化能 −
体组织转化的日消化能 + 体温调节所需日消化能
= 4714.60 + 15781.25 − 3096.90 + 3230 = 20628.95(千卡)
≈86.31(兆焦)

(2)哺乳母猪的饲料日喂量估计。假设每千克配合饲料含 3100 千卡 DE(或 2976 千卡 ME),那么这头母猪在 10℃环境条件下,饲料日喂量为多少?

饲料日喂量 = 20628.95÷3100 ≈ 6.65(千克)

4. 体重 20 千克以下仔猪的日消化能(DE)的需要量和饲料日喂量的估算

消化能摄入量(千卡/天) = −133 + BW × 220 − BW^2 × 0.99

(公式 3-8)

举例:假设仔猪体重为 10 千克,则其饲料日喂量应该为多少?

消化能摄入量 = −133 + BW × 220 − BW^2 × 0.99
= −133 + 10 × 220 − 10^2 × 0.99
= −133 + 2200 − 99 = 1968(千卡/天)
≈ 8234.11(千焦/天)

假设每千克配合饲料含3100千卡DE,则每天应喂给全价配合饲料为

$$1968 \div 3100 \approx 0.635(千克)$$

对于10千克的仔猪而言,这个估计日喂量稍偏高。

5. 种猪场不同周龄或体重种猪的饲粮日喂量参考表

现将日本海波杂优猪的饲料日喂量列于表3-1,表中有些数据根据我国实际情况稍加调整,可供我国读者在实践中参考。

表3-1 不同周龄或体重种猪的饲粮日喂量参考表

体重/千克	周龄/周	每日饲粮投喂量/千克
22	9	0.9
25	10	1.0
29	11	1.3
33	12	1.5
37	13	1.7
41	14	1.9
42	15	2.1
51	16	2.2
56	17	2.2
61	18	2.3
66	19	2.3
71	20	2.4
76	21	2.4
81	22	2.5
87	23	2.5
93	24	2.5
99	25	2.5

注:本表来源于日本海波杂优猪的饲料日喂量参考表,部分数据有调整。

6. 商品猪场各种猪的饲料日喂量参考表

杭州灯塔大型养殖公司为各猪群制订了一整套饲料日喂量的参考表(见表3-2、表3-3、表3-4、表3-5和表3-6),经试用效果较好,现介绍如下:

表3-2 妊娠母猪不同时期饲料日喂量参考表

怀孕时间/天	饲料投喂量/[千克/(头·天)]	说　明
1～4	1.8～2.2	配种后1～3天要控制日喂量,以1.8～2.0千克/头为宜,以利受精卵在子宫内着床
5～10	2.3～2.5	看猪喂料,瘦者可日喂2.5千克
11～12	2.0～2.2	适当减料以防止乳房脂肪细胞生长、抑制母猪泌乳
13至产前两三天	2.5～3.0	由于胎儿的2/3增重是在妊娠期后1/3时间内获得的,故此期内要增加投料量,观膘喂料,使母猪达到良好体况

表3-3 哺乳母猪不同时期饲料日喂量参考表

哺乳期时间段	饲料投喂量/[千克/(头·天)]
分娩前2～3天	逐渐减少投喂量,至分娩前减到1.0～2.0千克/头
分娩当天	停喂或喂少量流质饲料,分娩后要给予饮水
分娩后1～3天	1.0～2.0千克/头
分娩后4～7天	逐渐增加投喂量,到分娩后第七天开始自由采食
分娩7天以后	自由采食 估计采食量[千克/(头·天)] ＝母猪体重(千克)×1％＋0.5×仔猪头数 (公式3-9)

表 3-4 保育仔猪饲料日喂量参考表

日龄/天	28～30	31～35	36～40	41～45	46～50	51～55	56～60
饲料日喂量/千克	0.15～0.20	0.21～0.30	0.31～0.45	0.46～0.60	0.61～0.75	0.76～0.90	0.91～1.00

表 3-5 生长猪（架子猪）饲料日喂量参考表

周龄/周	体重/千克	饲料日投喂量/千克
8～11	20～30	0.9～1.3
12～14	31～40	1.4～1.9
15～16	41～50	2.0～2.2
17～18	51～65	2.3～2.4
19～20	66～80	2.5～2.6
21 周龄以后	大于 80 千克	2.2～2.5

表 3-6 公猪饲料日喂量参考表

周龄/周	体重/千克	饲料日投喂量/千克
1～10	1.45～25.00	自由采食
11～15	26.00～40.00	1.0～1.8
16～20	41.00～70.00	1.9～2.1
21～26	71.00～100.00	2.2～2.3
27～34	101.00～125.00	2.2～2.5

注：外购公猪进场后第一天日喂 1.0 千克/头，从第二天起日喂 2.0～2.5 千克/头，但还要看猪喂料。

（二）利用饲料化学成分分析数据估计各类饲料消化能

随着养猪业的发展，新的饲料资源也被不断开发出来，但在新饲料的营养成分及营养价值中往往缺少消化能这项数据，这是由于能量的测定需要氧弹式测热器来测定，而一般单位和部门却没有这种仪器,所以测定能值不像化学成分分析那样简易。消化能是一个很重要的指标,没有它就不能配制饲料配方。下面引用《配合饲料资源综合开发技术》中的六个回归公式来对各类饲料的消化能进行估计,笔者经比较试用后认为这些公式相对比较准确。

1. 能量饲料

$$Y=(0.045191X_1+0.049774X_2-0.036459X_3+0.040342X_4-0.027929)\times 4.184 \quad (R^2=0.99) \quad \text{(公式 3-10)}$$

2. 动物性饲料

$$Y=(0.040727X_1+0.104919X_2+0.172121)\times 4.184$$
$$(R^2=0.97) \quad \text{(公式 3-11)}$$

3. 植物性蛋白饲料

$$Y=(0.047737X_1+0.086176X_2-0.05877X_3+0.044881X_4-0.117497)\times 4.184 \quad (R^2=0.95) \quad \text{(公式 3-12)}$$

4. 粗饲料

$$Y=(0.05227X_1+0.024644X_2-0.018472X_3+0.032044X_4+0.023311)\times 4.184 \quad (R^2=0.93) \quad \text{(公式 3-13)}$$

5. 青绿饲料

$$Y=(0.059139X_1+0.017825X_2-0.044952X_3+0.040451X_4+0.019666)\times 4.184 \quad (R^2=0.89) \quad \text{(公式 3-14)}$$

6. 青贮饲料

$$Y=(0.065526X_1+0.032399X_2-0.041798X_3+0.033409X_4+0.032172)\times 4.184 \quad (R^2=0.99) \quad \text{(公式 3-15)}$$

式中:Y 为所要计算的消化能(兆焦/千克);X_1、X_2、X_3、X_4 分别代表粗蛋白(CP)、粗脂肪(EE)、粗纤维(CF)和无氮浸出物(NFE)的含量。

举例:现开发聚合草作为猪饲料,经化学分析,其主要营养成分如下:CP 为 3.28%,EE 为 0.61%,CF 为 1.34%,NFE 为 5.99%。求它的消化能是多少?

用公式(3-14)进行估算:

$$Y = (0.059139 \times 3.28\% + 0.017825 \times 0.61\% - 0.044952 \times 1.34\% + 0.040451 \times 5.99\% + 0.019666) \times 4.184$$
$$= (0.001940 + 0.000109 - 0.000602 + 0.002423 + 0.019666) \times 4.184$$
$$= 0.023536 \times 4.184$$
$$\approx 0.0985 (兆焦/千克)$$

因此,聚合草的消化能是 0.0985 兆焦/千克。

(三)采用猪的理想蛋白质和氨基酸真消化率配制日粮配方

1. 理想蛋白质

所谓理想蛋白质,Cole(1980)定义为:各种必需氨基酸以及供给合成非必需氨基酸的氮源之间具有最佳平衡比例关系的蛋白质。由于理想蛋白质的各种氨基酸(尤其是必需氨基酸)的比例与猪的需求基本吻合,所以理想蛋白质的利用率最高,对猪发挥潜在的增重性能最有效。猪对氨基酸的需要量是根据猪与肌肉生长潜力的关系来确定的(研究认为体组织蛋白质氨基酸组成比例是动物生长阶段最佳的氨基酸需要比例),而动物因品种、年龄、身体状态和所处环境不同,各种猪每天合成的肌肉组织的数量是不同的,所以对氨基酸的需要量也有很大差别。虽然它们对蛋白质质量——氨基酸比例的要求很接近,但理想蛋白质的模式不可能只有一个。根据英美几位科学家的研究,现已提出了不同生长阶段的猪和哺乳母猪的理想蛋白质模式,可供生产上应用,详见表 3-7、表 3-8 和表 3-9。

表3-7 不同生长阶段猪的"理想蛋白质"模式的氨基酸平衡比例 单位:%

氨基酸名称	生长育肥猪		仔猪	
	Fuller模式(1990)	Baker模式(1992)	Fuller模式(1990)	Baker模式(1992)
赖氨酸	100	100	100	100
苏氨酸	64	67	72	65
含硫氨基酸	61	65	63	60
色氨酸	16	19	18	18
异亮氨酸	60	60	60	60
亮氨酸	110	100	110	100
苯丙氨酸+酪氨酸	120	95	120	95
缬氨酸	75	68	75	68
组氨酸	—	32	—	32

来源:徐士清.瘦肉型猪高效饲养手册[M].上海:上海科学技术出版社,1999:252-253.

表3-8 猪的三个生长阶段中必需氨基酸需要量的理想模型

氨基酸名称	理想氨基酸模式(与赖氨酸之比)		
	体重5~20千克	体重20~50千克	体重50~100千克
赖氨酸	100	100	100
精氨酸	42	36	30
组氨酸	32	32	32
色氨酸	18	19	20
异亮氨酸	60	60	60
亮氨酸	100	100	100
缬氨酸	68	68	68
芳香族氨基酸(苯丙氨酸+酪氨酸)	95	95	95
含硫氨基酸(蛋氨酸+胱氨酸)	60	65	70
苏氨酸	65	67	70

来源:李德发.猪的营养[M].北京:中国农业大学出版社,1996:44.

表3-9 适用于维持、蛋白质沉积、乳合成和体组织蛋白质的理想蛋白质比例

氨基酸名称	维持	蛋白质沉积	乳合成	体组织
赖氨酸	100	100	100	100
精氨酸		48	66	105
组氨酸	32	32	40	45
异亮氨酸	75	54	55	50
亮氨酸	70	102	115	109
蛋氨酸	28	27	26	27
蛋氨酸+胱氨酸	123	55	45	45
苯丙氨酸	50	60	55	60
苯丙氨酸+酪氨酸	121	93	112	103
苏氨酸	151	60	58	58
色氨酸	26	18	18	10
缬氨酸	67	68	85	69
资料来源	根据Baker等(1966,1970,1989)研究结果计算而来	Baker等(1992,1993,1995,1997)根据Fuller等(1989)研究结果整理而来	引自Pettigrew的文献综述数据	引自Pettigrew的文献综述数据

注:表中"维持"一列中缺乏精氨酸数据。

2. 氨基酸的真(标准化)回肠消化率

配制营养全价的平衡日粮,可使猪发挥最佳的生长性能和生产效率,还可以降低饲料成本。在配制平衡日粮中最重要的两种养分是能量和氨基酸。评价氨基酸的营养指标最初是总氨基酸含量,如今采用近红外光谱(NRC)技术不仅可以正确测定氨基酸的含量,而且还能测定消化氨基酸的含量(Aventis,1999)。另外,由NRC(1998)和Digussa-Huls(1996)提供的一个回归方程式也可以根据粗

蛋白水平估测原料中氨基酸的含量。由于原料中总氨基酸通过小肠吸收后并不能全部用于合成蛋白质,原料中总氨基酸含量的变异也太大,而且营养学家目前还没有理想的计算饲料中总氨基酸含量变异的方法,因此总氨基酸含量不适合用于配制日粮。鉴于这个原因,营养学家提出氨基酸消化率的概念,即总氨基酸含量乘以消化率后所得的数据就比较客观了。现在测定氨基酸消化率最普遍采用的是回肠消化率测定方法,它通过外科手术在回肠与大肠之间安装一个"T"形瘘管,然后在食糜进入大肠之前就采样测定消化率(因为进入大肠的氨基酸会被微生物发酵降解,变成对猪无利用价值的物质),该法测定的消化率叫表观回肠消化率,所测定的氨基酸叫表观可消化氨基酸。它比排粪法测定结果要准确,因为排粪法测定结果过高地估测了养分消化率。后来营养学家又发现回肠食糜中含有大量消化腺分泌的消化液、黏膜和脱落的肠道细胞等内源蛋白质(氨基酸),因此表观回肠消化率还是比实际情况偏高,必须对回肠食糜中可消化氨基酸中的内源成分进行扣除,才是真正符合客观情况的消化率,这就是氨基酸的真(标准化)回肠消化率。测定氨基酸的真(标准化)回肠消化率有以下优点:

(1)氨基酸的真(标准化)回肠消化率与可消化氨基酸消化率相比,可以较好地估计饲料氨基酸的有效利用率。

(2)优化氨基酸供给可以较好地发挥动物生产性能,并减少氨基酸过多的供给,从而降低饲料成本和体内过量氮的排出。

但以氨基酸的真(标准化)回肠消化率为基础配制日粮,需要一致性和可比性均较好的数据资料支持。世界上三个数据库(每个数据库都具有经测定的 100 种以上的原料的数据)在早期仅部分公开。Aventis Animal Nutritin(前称 Rhone-Poulenc-Animal Nutritin)到 1993 年才在 Rhodimet^{TM} 营养指南上发表数据。两年后,TTCF-Eurolysine(1995)也公开了数据。部分 INRA 数据在科技论文和博士学位论文中也陆续发表。直到 1998 年,美国国家研究委员会著的《猪营养需要》(第十次修订版)才公布了一些日粮中常用饲料的氨基酸真回肠消化率资料,可供配制日粮时应用。

James Usry 和 Dave Burnham 认为：真（标准化）回肠氨基酸消化率为美国养猪业更精确地配制日粮提供了一种工具，AmiPig™ 又提供了可靠、有效的真（标准化）回肠氨基酸消化率的数据库，这样美国就进入了可以完全采用真（标准化）回肠氨基酸消化率来配制标准化日粮的时代（2000～2002）。

应用猪的理想蛋白质和氨基酸真（标准化）回肠消化率模式进行日粮配方设计，以体重为 20～50 千克的生长育肥猪为例，设计步骤如下：

（1）根据饲养标准要求，确定日粮中的蛋白质水平。查询猪的饲养标准，蛋白质水平为 18%。

（2）确定理想蛋白质的氨基酸模式。现选定 NRC(1988)模式，即赖氨酸为 100，苏氨酸为 64，蛋氨酸＋胱氨酸为 55，色氨酸为 16 等。

（3）确定猪的理想蛋白质的赖氨酸需要量。查看《猪营养需要》（第十次修订版），可知赖氨酸需要量为 15.5 克/天。

（4）根据模式，计算其余氨基酸需要量。根据《猪营养需要》（第十次修订版），用氨基酸真回肠消化率计算求得：苏氨酸为 9.92 克/天，蛋氨酸＋胱氨酸为 8.53 克/天，色氨酸为 2.48 克/天等。

（5）根据蛋白质水平，确定其他营养指标水平，如消化能为 13.18 兆焦/千克，蛋白质为 18%，钙为 0.65%，磷为 0.60% 等。

（6）列出营养标准。如消化能为 13.18 兆焦/千克，钙为 0.65%，磷为 0.60%，赖氨酸为 15.5 克/天，苏氨酸为 9.92 克/天，蛋氨酸＋胱氨酸为 8.53 克/天，色氨酸为 2.48 克/天等。

（7）根据营养标准和配方的营养水平进行配方设计。应用猪的理想蛋白质和氨基酸真消化率模式进行日粮配方设计，与普通配方设计一样，既可以用电脑计算，也可以手算。电脑计算的软件有很多，如"资源配方师软件"、Excel 等软件，后者具体方法请参考文章《利用 Excel 电子表格进行优化饲料配方》。关于手算的方法，有试差法、对角线法、联立方程法（代数法）、行列式法等，具体方法请参考《瘦肉型猪高效饲养手册》。在没有电脑的情况下，若只要求获得一个粗仿的饲料配方，可采用手算的方法。

(四)精细化猪群管理

优良的生活环境有利于猪群提高生产性能。猪良好的生活环境包括:空气尽量清新、水质尽量洁净、环境尽量安静、地面高燥清洁、温湿度适宜、人对猪的态度要尽量和善(尽量不鞭打、不恐吓、不虐待)、适当的活动空间等。国外近些年来提出"动物福利"养猪的概念,其内容即为以上所述,但具体化了,值得我们因时、因地制宜试用。

(五)哺乳仔猪适期断乳

哺乳仔猪何时断乳最适宜?这取决于三个因素:①仔猪本身的生长发育状况,包括体重的增长和生理上的发育。②仔猪抗御本场特异性疾病的能力。③对母猪下胎繁殖能力的影响程度。关于仔猪的生长发育状况,日本笹崎龙雄先生研究认为,哺乳仔猪体重达到 9~10 千克时是断乳的适宜时期;从母猪营养状态来看,则大体上相当于中型猪种分娩后 40~45 天,大型猪种分娩后 30~35 天。另有学者在生理上的研究表明:仔猪自身的抗体要到 10 日龄后才开始产生,到 3 周龄以后才具有抗御疾病的能力。仔猪在出生后 20 天内体温调节中枢发育尚未健全,不能自主调节并维持正常体温的恒定。仔猪的采食行为到 6~10 日龄才开始出现,35 日龄前大约只有 51.3% 可在吮乳后进行采食。仔猪的饮水行为也要到出生后 3~10 天才出现,到 40~60 日龄才达到日均饮水 11.5 次,平均每次 8.28 秒。仔猪在 20 日龄前胃液中缺乏游离盐酸,胃中胃蛋白酶原由于缺乏盐酸的刺激基本不具消化活性,因此不具有消化蛋白质(特别是植物蛋白质)的能力。关于仔猪抗御本场特异性疾病的能力,Yeske(1994)和 Clark(1995)研究认为,21 天前仔猪主要依赖于母猪产生的初乳抗体以抵抗疾病,为建立无特殊病原体疾病的健康猪群而实施的隔离早期断乳的仔猪就应在母源抗体消失之前(14 日龄前)断乳,并在特殊环境中进行培育,但正常断乳日龄应在仔猪自身产生抗体并具备抗御疾病的能力时进行。Clark(1995)的研究指出,如果母猪在分娩时不排出病毒,14日龄前断乳的仔猪只带有繁殖猪群血清型的猪链球菌和猪副嗜血杆菌。Amass等(1995)发现仔猪早在1日龄时就会感染猪链球菌,但猪链球菌病可用青霉素进行有效治疗,猪副嗜血杆菌病也可通过连续三天注射敏感抗生素或在饮水中投药治疗1~2个疗程加以治愈并被控制。猪群中存在的其他致病性微生物则完全可以由初乳中的被动抗体控制。隔离早期断乳是建立无特殊病原体猪群的关键技术。关于断乳日龄与下胎繁殖力的关系,可以从以下几个方面来进行探讨:

1. 适当提早断乳可提高母猪年生产力

法国学者Legaulte等(1975年)提出一个估算母猪年生产力的公式,现在大家都在沿用。从公式(3-16)可以看出哺乳期越短,母猪年生产力越高。

$$P_n = \frac{L_s(1-P_m)}{G+L+L_{we}} \times 365 \qquad (公式3-16)$$

式中:P_n为母猪年提供断乳仔猪数(头);G为妊娠期(天);L为哺乳期(天);L_{we}为断乳至配种间隔期(天);L_s为初生窝活仔数(头);P_m为初生至断乳时的仔猪死亡率(%)。

举例:若一头母猪的$L=28$(天),$G=114$(天),$L_{we}=7$(天),$L_s=8$(头),$P_m=1.5\%$,则这头母猪年提供断乳仔猪数为多少?

$$\text{该母猪年提供断乳仔猪数} = \frac{8\times(1-1.5\%)}{114+28+7}\times 365$$

$$= \frac{8\times(1-0.015)}{149}\times 365$$

$$= \frac{7.88}{149}\times 365 \approx 19.30(头)$$

如果这头母猪的哺乳期缩短到21天,那么

$$该母猪年提供断乳仔猪数 = \frac{8 \times (1 - 1.5\%)}{114 + 21 + 7} \times 365$$

$$= \frac{8 \times (1 - 0.015)}{142} \times 365$$

$$= \frac{7.88}{142} \times 365 \approx 20.25(头)$$

比28天断乳的多产0.95头。

如果这头母猪的哺乳期再缩短到14天,那么

$$该母猪年提供断乳仔数 = \frac{8 \times (1 - 1.5\%)}{114 + 14 + 7} \times 365$$

$$= \frac{8 \times (1 - 0.015)}{135} \times 365$$

$$= \frac{7.88}{135} \times 365 \approx 21.31(头)$$

比28天断乳的多产2.01头,比21天断乳的多产1.06头。

2. 适当提早断乳可以减少母猪在哺乳期的失重和缩短断乳后重发情的时间

据纪孙瑞教授(1994)测定:母猪在21~35天断乳,其失重为19%~22%,断乳后3~7天发情;而60天断乳的母猪则失重为33%~49%,断乳后重发情的时间延长到7~10天。

3. 适当提早断乳可以提高仔猪生长发育均匀度和哺乳期育成率

据纪孙瑞教授(1994)测定:21~35天断乳的仔猪不仅其生长发育的均匀度比60天断乳的要好,而且成活率要高。如21天断乳的育成率是100%,28天断乳的为98.5%,35天断乳的为92.0%。

4. 适当提早断乳可以提高仔猪的饲料利用率

据纪孙瑞教授(1994)测定:21日龄断乳和35日龄断乳的仔猪在哺乳期内每增重1千克耗料量比60日龄断乳的分别下降22.6%和31.5%。

5. 适当提早断乳不会影响母猪下胎产仔数等繁殖性能

一些学者的研究结果表明:21天、28天和35天断乳对下胎的受胎率、产仔数、仔猪初生重、初生窝重基本没有影响,生物统计的结果表明差异不显著。

(六)活猪体重的估算和肉猪屠宰适期的确定

1. 活猪体重的估算

有些经验丰富的肉猪收购员凭目测就可以对猪的活重估算得很准,但对多数没有经验的人来说,还是利用公式来估算比较可靠。

$$猪活重(千克) = \frac{[胸围(厘米)]^2 \times 体长(厘米)}{15200}$$ (公式3-17)

使用该公式时应注意:肉猪体重在60千克以下时,在求出的体重上加3千克;在60~180千克时不加不减;在200千克左右时,在求出的体重上减9千克;在250千克以上时,在求出的体重上减30千克。

举例:体测获取一头猪的胸围为105厘米,体长为115厘米,则这头猪的活重是多少千克?

$$猪活重 = \frac{105^2 \times 115}{15200} = \frac{1267875}{15200} \approx 83.41(千克)$$

2. 肉猪屠宰适重的确定

猪的屠宰适重主要取决于三个因素:①在肉猪生长速度开始下降时,即在生长曲线的生长拐点处进行屠宰,因为生长速度下降,饲料利用率降低,饲养成本就会提高。②胴体瘦肉率要保持在人们所要求的水平,如60%以上。③经济效益相对较高,即日饲养成本与一天所增猪肉的经济收入之差要相对较大。我国学者曾对不同猪种进行过屠宰适重测定,基本明确洋三元杂种的屠宰适重为100~110千克,内三元杂种为85~95千克,我国地方猪种为70~75千克,洋土二元杂种和我国培育品种为80~90千克。此外,屠宰适重还受活猪市场价格的变动而变化。

(七)肉猪胴体瘦肉率的估算

国内有不少学者对肉猪胴体瘦肉率的估算进行过研究,提出了多个估算公式,但有些公式是以某个胴体部位的组织剥离质量作为变量的,虽然准确性较高,但应用起来不太方便;有些公式应用对象太狭窄,没有普遍意义。现引用 M. W. Orcutt 等制定的估算胴体瘦肉率的回归方程[公式(3-18)],据介绍它广泛适用于肉用型猪各体重阶段胴体瘦肉率的估算,式中变量的测定比较简单,而且提供了不同活重阶段的回归方程计算所需的截距和回归系数(见表 3-10),计算比较方便。但是它所估算的胴体瘦肉率比我国计算方法偏低,这是由于国外猪的胴体包括头和脚,胴体重比我国的大,而且参数测量的部位也不完全与我国相同。经过验算表明,只要在计算结果的基础上乘以一个校正系数,其估算结果就比较接近我国实际测定的结果了(准确度可达 90% 左右)。校正系数:外国纯种猪的屠宰体重在 90 千克以上时为 1.25,在 90 千克以下时为 1.20;洋二元和洋三元杂种猪的屠宰体重在 90 千克以上时为 1.22,在 90 千克以下时为 1.18;我国地方猪种为 1.01。

$$Y(\%) = \sum(a + bx_i) \qquad (公式\ 3-18)$$

式中:$Y(\%)$ 为胴体瘦肉率;a 为截距;b 为回归系数;x_i 为猪的胴体测量指标。

表 3-10 适用于各体重阶段估算胴体瘦肉率的回归方程 $Y(\%)=\sum(a+bx_i)$ 的参数

截距与回归系数	活重/千克			
	<99.8	99.8~108.8	108.8~117.9	>117.9
a(截距)	7.46	2.73	-0.19	6.01
b_1(x_1 为鲜热胴体重)/千克	0.46	0.46	0.46	0.46
b_2(x_2 为第十肋骨处眼肌横切面宽度 3/4 处背膘厚)/厘米	-3.48	-3.48	-3.48	-3.48
b_3(x_3 为第十肋骨处眼肌面积)/厘米^2	0.15	0.30	0.40	0.20

举例:

例1 一头杜洛克猪的活重为95.54千克,鲜热胴体重为74.19千克,平均背膘厚为2.68厘米,最后肋骨处眼肌面积为44.37厘米^2,估计其胴体瘦肉率是多少?

$$Y(\%) = \sum(a + bx_i)$$
$$= (7.46 + 0.46 \times 74.19) + (7.46 - 3.48 \times 2.68) +$$
$$(7.46 + 0.15 \times 44.37)$$
$$= 41.59 + (-1.87) + 14.12 = 53.84(\%)$$

校正后的胴体瘦肉率为
$$53.84\% \times 1.25 = 67.3\%$$

例2 一头杜长大三元杂种肉猪活重为95.44千克,鲜热胴体重为68.02千克,平均背膘厚为2.08厘米,最后肋骨处眼肌面积为43.42厘米^2,估算其胴体瘦肉率是多少?

$$Y(\%) = \sum(a + bx_i)$$
$$= (7.46 + 0.46 \times 68.02) + (7.46 - 3.48 \times 2.08) +$$
$$(7.46 + 0.15 \times 43.42)$$
$$= 38.75 + 0.22 + 13.97 = 52.94(\%)$$

校正后的胴体瘦肉率为
$$52.94\% \times 1.22 \approx 64.59\%$$

例3 一头长大二元杂种肉猪宰前活重为96.01千克,鲜热胴体重为67.85千克,平均背膘厚为2.57厘米,最后肋骨处眼肌面积为44.92厘米^2,估计其胴体瘦肉率是多少?

$$Y(\%) = \sum(a + bx_i)$$
$$= (7.46 + 0.46 \times 67.85) + (7.46 - 3.48 \times 2.57) +$$
$$(7.46 + 0.15 \times 44.92)$$
$$= 38.67 - 1.48 + 14.2 = 51.39(\%)$$

校正后的胴体瘦肉率为
$$51.39\% \times 1.22 \approx 62.70\%$$

例4 一头嘉兴黑猪宰前活重为90千克,鲜热胴体重为

65.72千克,三点平均背膘厚为3.4厘米,最后肋骨处眼肌面积为23.22厘米^2,估计其胴体瘦肉率是多少?

$$Y(\%)=\sum(a+bx_i)$$
$$=(7.46+0.46\times65.72)+(7.46-3.48\times3.4)+(7.46+0.15\times23.22)$$
$$=37.69+(-4.37)+10.94=44.26(\%)$$

校正后的胴体瘦肉率为
$$44.26\%\times1.01\approx44.70\%$$

(八)若干养猪先进设备和先进经验简介

1. 母猪多功能自动限喂测定系统

此系统给予母猪充分的活动自由,符合动物福利的有关规定,尤其是该系统能对每头猪进行个别饲喂和管理。附加功能有孕前激素供应、挑选、喷色和分类等,能帮助牧场管理人员提高饲喂效率,便于饲喂管理。

产品的独特之处:

(1)每个饲喂主机都拥有独立的电子系统,能够使每个主机独立地运作。即使中央电脑不运作,或用于其他软件,都不影响每个主机运作。主机运作所需的所有数据都保存在受保护的记忆库里。

好处:电脑可用于其他工作(畜牧管理、文字处理),若电脑出现问题不会影响主机的正常运作。

(2)系统保存每台主机最近100次被访问的数据(时间、母猪号、进食量),可显示每头母猪每次进入主机的情况。

好处:易于牧场管理人员了解母猪的限量饲喂情况与历史状况。

(3)孕前激素的供应可控制幼母猪的发情期。

好处:简单的数据输入可确定开始和结束激素供应的时间。

(4)发情自动感应识别。每小时可给出要交配、受孕的母猪清单,并能检查出孕期的到来。

好处:当要发情交配的母猪分散在群体之中时,很难识别哪些母猪发情。此种功能可使这种识别工作更加容易。

2. 猪生长性能自动测定系统

国家专利产品旺京牌"猪生长性能自动测定系统"是北京旺京牧院科技有限公司自行研发和制造的先进的技术产品,具有自主知识产权。

(1)系统概述。该生长性能自动测定系统由一台 PC 工业控制机、若干台测定机、通讯系统、供电系统和气动系统组成。每个测定圈内安装一台测定机,可以同时测定 10~12 头猪。

PC 工业控制机系统作为上位计算机用于实现人机对话、控制饲料喂量、数据存储、数据处理、显示测定机运行状态、猪只异常报警和打印报表等功能。

测定机含有测定柜、体重秤、料秤、储料槽、外围栏等,由一套西门子 PLC 计算机控制系统进行控制,用于实现对进食猪只的自动识别、自动下料、自动控制测定过程、数据采集和数据统计等功能。

(2)系统基本功能。种猪生长性能自动测定系统能够测定猪只个体生长过程中的精确数据、自动生成各种报表、自动绘制生长性能曲线。其基本功能有:

1)自动控制饲喂和测定过程;

2)自动识别进食猪只;

3)自动测定每次进食猪只的耳标号、开始进食时刻、进食用时和进食量,并计算出日进食量;

4)自动测定每日的体重,并计算出日增重;

5)自动测定体重达 30 千克、50 千克和 100 千克的日龄;

6)自动计算日饲料报酬;

7)自动计算并校正背膘厚;

8)自动计算评估综合指数,并且按综合指数排序;

9)自动生成日测定明细表;

10)自动生成日测定统计表;

11) 自动生成日龄段统计表；
12) 自动生成测定结果报表；
13) 自动绘制测定期内生长性能曲线。

(3) 用途广。猪生长性能自动测定系统通过对进食猪只个体生长性能的各项参数进行准确测定，可实用于：

1) 依据现代遗传育种理论进行选种、育种，培育优良种猪。满足了遗传育种对生长性能多性状的综合选择，除了对生长速度（日增重）慢、肥肉（背膘）多、饲料转化率低三个急需改良的性状进行综合选择外，还可以对身长或日采食量等性状进行综合选择。

2) 可以通过对比测定，研制最佳饲料配方或选用高性价比的饲料。

3) 可以通过对比测定实验，选用高效的防疫或治病药物。

4) 为科学研究提供相关猪只生长性能的精确数据。

3. 干料养猪多阶段供料系统

COMBIPHASE 干料供货系统可较好地适应育肥猪饲料供输的变化。该多阶段供料系统可以减少废料，减少饲料的分布面积，将饲料成本控制到最低。

该系统可分为 COMBIPHASE 3A 型和 COMBIPHASE 6A 型，前者可用于断奶后期或育肥期，后者既可用于断奶后期又可用于育肥期，它能供输 2 组各 3 种不同的饲料（饲料 1，饲料 2，饲料 1＋饲料 2，饲料 3，饲料 4，饲料 3＋饲料 4），6 种饲料可通过一条供输管道而不至于混淆。

4. 汤料养猪多功能供料系统

MULTIFARM 汤料养猪多功能供料系统是一种多功能、先进的科技体系，该系统完全参数化，适用于多种类型、多种房型的饲养。

性能：①可在不干扰正在进行的各种程序的情况下编程序，打印或遥控交换；②一次操作就可改变一组阀门共同的参数；③记录操作情况的日期报表（存料情况、猪只情况）；④手提遥控器记录并充实饲养数据。

功效:①容量:600个"母猪"阀门、400个"育肥猪"阀门;②母猪的个别管理:组号和归类(受精、怀孕或产仔);③自由选择定量单位(如千卡等);④提供20种饲料配方;⑤提供5种预混料配方;⑥绘制"母猪"10个定量曲线,包括3种不同的进展,根据受精、怀孕或产仔而异,并考虑到乳仔猪的数量;⑦绘制"屠宰猪"的10个定量曲线,其中包括自动配方、指数计算和GMQ理论的改变;⑧具有简单、快捷地列出数据表、记录表和保护数据的功能。

5. 鸭嘴式自动饮水器水流量测定

鸭嘴式自动饮水器经常堵塞、破损,致使猪饮水不足甚至无水可饮,影响猪的采食和健康,因此要经常检查饮水器的功能是否完好。最好的办法是测定每只饮水器的流水量,方法是:取一只有刻度的搪瓷杯,带一只手表,按住饮水器的开关,测定10秒钟的流水量,要求10秒钟的流水量能达到200毫升左右,达不到200毫升的要进行修理或更换。

6. 多点式管理系统

在传统的单点式生产单元中,大部分猪群的健康状况呈恶化趋势,并且多种疾病交互感染,再加上管理上的某些缺陷,大大限制了动物的生长,这在不间断的"动物流"——非全进全出系统中尤其明显。近年来发展起来的多点式管理系统可克服这个缺点,它把各个猪群分点隔离开来进行饲养管理,以防止疾病相互感染,万一某个点发生疫病,也容易控制,不至于传播到全场。多点式管理体系有两种形式:第一种是两点式管理体系,就是把配种舍、妊娠舍、产仔舍建在一起,把保育舍、生长舍、育肥舍建在另一处;第二种是三点式管理体系,就是把配种舍、妊娠舍、产仔舍建在一处,把保育舍单独建在另一处,再把生长舍和育肥舍建在第三处。各点相互隔开,间隔距离至少为100米,最理想是3000~5000米。若能做到各点独立、封闭饲养,则效果更好。

7. 细化日粮配方设计

处于不同年龄段、不同生理状态和不同生存条件下的猪,其生理特点和营养要求各不相同,必须要根据其各自的特点,配制不同的饲料,才能满足其各自的营养需要,发挥它们最大的生产潜力。

(1)根据不同季节的气候特点,适时调整日粮配方。如夏季气温高,猪的食欲下降,采食量降低,应该增加饲料的能量浓度,改善适口性,以降低热应激的影响程度;冬季气温低,虽然猪的采食量增加,但为保持猪有较高的增重和饲料利用率,仍然要增加饲料能量浓度,但可适当减少蛋白质用量,以控制饲料成本。

(2)根据猪的不同生理状态和生长阶段的生理特点设计多种日粮配方:如怀孕母猪的前期配方和后期配方、哺乳母猪的前期配方和后期配方、肉猪的前期配方和后期配方、公猪的使用期配方和休闲期配方、仔猪的教槽料配方(第一阶段日粮配方)和第二、第三阶段的配方等。其中以仔猪料的配方最细致,这是由于仔猪的生长发育(尤其是消化系统和免疫系统)尚未成熟,身体又处于快速发育时期,因此不同日龄的仔猪对饲料原料的品种和质量、对营养需要量的要求,都各有其特殊性。

动物营养学家对早期隔离断乳仔猪的营养需要和日粮配方研究得比较深入,可引用借鉴。研究表明,体重20千克以下的仔猪至少要配制3个阶段的日粮(表3-11)。6.0千克以下的仔猪喂给教槽料或仔猪第一阶段日粮,每头猪全期限至少要喂1千克;第一阶段的日粮质量最好,含有不同种类的碳水化合物、不同来源的蛋白质,加入了奶制品、血浆粉和血粉。此阶段的"饲料引食"可用干奶粉或乳清粉撒在饲料上或糊状饲料的表面进行引诱。6.1~11.5千克的仔猪喂第二阶段日粮。11.6~20.5千克的仔猪喂给第三阶段日粮。

表3-11 早期断奶仔猪日粮配方举例

体重/千克	第一阶段 3.5~6.0	第二阶段 6.1~11.5	第三阶段 11.6~20.5
原料/%			
黄玉米粉	45.34	56.06	53.16
干乳清粉	25.00	15.00	5.00
去皮豆粕(46.5%)	9.25	19.25	25.25
喷雾干燥血浆粉	7.00	—	—
鱼粉	5.00	4.00	—
大豆蛋白浓缩物	3.00	—	—
稳定的动物脂肪	3.00	3.00	3.00
石粉	0.80	0.70	1.20
磷酸二氢钙(含21%磷)	0.75	1.00	1.40
维生素预混剂	0.25	0.25	0.25
食盐	0.20	0.25	0.25
微量元素预混剂	0.15	0.15	0.15
硫酸铜	0.10	0.10	0.10
蛋氨酸	0.09	0.01	0.02
赖氨酸	0.07	0.023	0.22
营养成分/%			
粗蛋白	22.0	18.00	18.00
粗脂肪	5.5	5.70	5.69
粗纤维	1.70	2.15	2.48
赖氨酸	1.55	1.25	1.15
蛋氨酸+胱氨酸	0.84	0.64	0.62
色氨酸	0.29	0.24	0.24
钙	1.00	0.88	0.85
磷	0.80	0.70	0.65

来源:徐士清.仔猪生产手册[M].上海:上海科学技术出版社,2001:274-276.

第一阶段为教槽料,特点是乳制品含量高,一般在25%以上,赖氨酸含量达1.5%以上,并使用最新的饲料原料——喷雾干燥血浆粉5%~8%。从日粮组成来看,虽然其成本较高,尤其是使用了喷雾干燥血浆粉,但饲喂效果好,并且饲喂时间仅为7～10天,故这种日粮用于体重在6.0千克以内的仔猪,即14～18日龄断奶仔猪,用量一般为每头仔猪1.5千克左右。至于21天以上断奶仔猪的日粮,可根据体重参照配方比例适当加减喷雾干燥血浆粉的用量。

第二阶段日粮用于体重为6.1～11.5千克的仔猪。这是个过渡阶段日粮,一般用于断奶后第二至第三周。与第一阶段日粮比较,该阶段日粮中的乳制品减半,并可撤去喷雾干燥血浆粉和大豆蛋白浓缩物,提高玉米—豆粕的含量。

第三阶段日粮则已完全过渡至玉米—豆粕型简单日粮,日粮组成与生长育肥猪料相同,可饲喂20千克左右体重的猪。

配制三阶段日粮的目的在于使早期断奶仔猪在消化道发育未健全、消化能力较差、免疫能力较低且受到断奶应激刺激的条件下,获得一个较好的适应期,即由断奶前的高脂肪、高乳糖、高蛋白的液化饲料逐步转变到低脂肪、低乳糖、高碳水化合物和植物蛋白的饲料。因此,第一、第二阶段的日粮配制不仅要考虑营养浓度和原料成分,而且决不能忽视饲料的品质。例如,第一阶段日粮中乳清粉最好选用食品级,而第二阶段可改用饲料级。另外,第一、第二阶段植物蛋白需用去皮豆粕(粗蛋白含量为48.5%),以利仔猪消化吸收,提高生长速度,待其消化道适应后,第三阶段日粮方可选用普通豆粕(粗蛋白含量为44%)。

注意:制作第一阶段教槽料日粮时,Nelssen(1990)指出必须添加至少4%的脂肪。其理由:一是能提高饲料能量密度,满足仔猪生长所需;二是教槽料中乳制品含量很高,难于制粒,脂肪能提高制粒生产效率,改善颗粒品质,防止乳制品和赖氨酸被烤焦而导致品质下降。脂肪添加量最高可达到8%而仍能维持颗粒质量。此外,还可减少机器的磨损、降低饲料厂和猪舍内的粉尘(Tokach等,1989;Li等,1989)。

8.特殊的舍温调控方法

(1)早期断乳仔猪的舍温控制。早期断乳仔猪由于体温调节能力很弱,对舍温调节的要求特别严格。体重4～4.5千克的早期断乳仔猪其饲养区的温度应为31~33℃。如果在断奶后1~2周使用实心垫子,温度可降低到30℃,因为仔猪睡在实心垫子上的热能损失要比漏缝地板少。另外要尽量缩小温差,如28日龄断乳的仔猪每小时温差不要大于1℃,若大于1℃就会影响其生长。用恒温器设定为每周降低2℃比较适宜。如果不能随着仔猪长大而相应降低温度,仔猪采食量就会减少,在夏天还易导致其发生热应激而影响增重率。

(2)降低保育舍的夜间温度。保育仔猪在保育舍养到1~2周后开始强烈采食,这时可以采取降低夜间舍温的方式来刺激食欲、促进生长。据美国内布拉斯加大学的试验结果,从晚间7时开始将舍温降低5.5℃,到次日早晨7时再重新回升到原来的温度,结果仔猪的采食量提高7%,日增重提高6%,还节省了电能消耗。但要注意不能让仔猪过量采食,以免仔猪消化不良而引起腹泻。

(3)在全进全出生产方式下,断乳仔猪在刚进保育舍时,保育舍的舍温要预先调整到比产房高2℃,过5天再逐渐恢复到保育舍原来所要求的温度,这样做可明显提高保育猪在培育初期的育成率。原因是断乳仔猪在断奶的应激作用下,抵抗力下降,适应性减弱,若不适当提高舍温,很易感冒和腹泻,甚至患其他疾病。

9.生长育肥猪分性别饲养

在我国,生长育肥猪大多是小母猪和阉公猪混养的,这是不合理的。小母猪与阉公猪相比,生长较慢(比阉公猪慢5%~6%),采食量较小(每天少吃100克饲料),增重与饲料转化率较好,同样体重的小母猪胴体瘦肉率较高。从营养角度看,35~55千克体重的小母猪与阉公猪混养,每天需要的总赖氨酸量两者都为17.7克,或可消化赖氨酸量为14.4克,然而阉公猪每天大约要多消耗100克饲料,若用占日粮百分比来表示赖氨酸需要量,则阉公猪的日粮中含0.83%的赖氨酸或0.67%的可消化赖氨酸,而小母猪的需要量则分别为0.87%和0.71%。因此,在配制日粮时如果满足小母猪的营养需要,则混养群中的阉公猪就会营养过剩,反之若满足阉公猪的需要,则混养群中的小母猪就会营养不足而抑制其生长。如果分性别饲养,分别喂给根据小母猪和阉公猪各自营养需要所配制的日粮,则互不干扰,而且小母猪可单独多养一周而作种猪出售。小母猪和阉公猪的这种营养差异,到体重 35～50 千克后日趋显著,到 100 千克以后才开始逐渐变小。

10. 降低猪舍氨气浓度的方法

氨气是饲料中的蛋白质在体内降解的产物,减少氨气排放的根本措施是科学调整日粮中氨基酸与蛋白质的用量并提高蛋白质在体内的消化率。减少舍内氨气等有害气体浓度的最基本措施是及时清除粪便、保持舍内干燥和充分的通风换气。降低猪舍氨气浓度的辅助方法有三种:①用化学方法处理粪便和垫料。具有吸收粪便和垫料中氨气作用的化学物质有双氧水、高锰酸钾、硫酸铜、苯甲酸和乙酸等。若用 4% 硫酸铜或 2% 苯甲酸来处理垫料,都能有效控制或降低舍内氨气的浓度。②用微生物发酵法处理粪便和垫料。在饲料中添加 0.5% 的乳酸杆菌、枯草杆菌和粪链球菌混合物能有效降低粪便中的氨气。若添加量为 0.25%,则虽然降低氨气的效果差一些,但也可使猪群达到最佳生产性能。③在育肥猪饲养中用有效微生物(effective microorganism,EM)*拌料饲喂、饮水、喷洒猪舍,10 天后就能够清除粪尿恶臭,减少有害气体排放,有效地改善猪舍环境质量,而且还能提高生产效益。我国许多猪场试用后效果明显,唯价格稍高。

11. 小肽喂猪效果简介

小肽是动物降解蛋白质过程中的中间产物,是由 2 个或 2 个以上的氨基酸以肽链相连的化合物。两个氨基酸以肽链相连的化合物称二肽,三个氨基酸以肽链相连的化合物称为三肽,以此类推,分子量少于 1000 道尔顿的称为寡肽。小肽在消化道中能完整地被吸收,

---

* 有效微生物是日本琉球大学比嘉照夫教授研制出来的新型复合微生物菌剂,是由光合细菌、放线菌、酵母菌、乳酸菌等 10 个属 80 多种微生物复合培养而成的。

通过肠黏膜细胞进入体循环。小肽的吸收具有耗能低、转运速度快、载体不易饱和等优点,而且又可避免与游离氨基酸吸收之间的竞争。小肽在动物营养上可提高蛋白质的合成、提高矿物元素的吸收和利用、阻碍脂肪的吸收和促进脂质的代谢,还可直接作为神经递质刺激肠道受体分泌激素或酶,此外某些小肽还具有免疫活性的作用。据王碧莲等(2000)研究,用含有一定量小肽的饲料饲喂仔猪,可使仔猪增重提高12.93%,腹泻率降低60%,经济效益提高15.62%。又据徐杰(2005)报道,仔猪在对照组日粮的基础上添加0.3%的小肽制品,日增重及饲料转化率均有显著提高,腹泻率明显降低,差异都达到显著水平。类似的报道还有很多,可见在猪日粮中添加一定量的小肽制品是提高养猪生产水平和经济效益的有效途径。

随着科技的发展,养猪先进设备和先进经验不断涌现,上文只介绍当前的一些报道。读者要经常注意这方面的新进展,把它们及时吸收、掌握,应用于精细养猪实际生产。

四、正确掌握繁殖技术

(一)青年母猪的配种适龄

在生产实践中,青年母猪最适当的配种月龄称配种适龄。青年母猪到达性成熟期以后,生殖器官已基本发育完全,卵巢已能排卵,已具有繁殖后代的能力。日本学者测定各猪种的性成熟期为:大约克夏猪为8月龄,体重70~80千克;长白猪为6月龄,体重90千克;5个猪种(包括杂种)共125头的测定结果为平均256日龄,体重76千克(丹羽等)。笔者测定嘉兴黑猪的性成熟期为(130.57 ± 22.02)日龄,体重(25.49 ± 7.89)千克。此时猪虽然达到性成熟期,但尚不能配种生育,因为其身体主要器官的发育尚未完全成熟。身体各器官的发育都达到成熟的年龄称体成熟期,体成熟期的重要衡量标准是看永久齿是否长齐。猪的永久齿一般在出生后18个月才长齐,所以出生后18月龄就是猪的体成熟期年龄。在养猪生产实践中,若以体成熟期作为适配年龄,即18月龄开始配种,显然太迟。因为这在经济上是不划算的,而且迟配了猪会变肥,使配种受胎变得比较困难;而在性成熟期配种又太早(在猪未达到适配年龄前就进行配种,称为"早配"),早配会阻碍母猪自身继续生长,也影响母猪的产仔数和泌乳能力,并且胎儿发育也较差,初生重较小,出身后成活率较低,在经济上也不划算。所以,配种适龄实际上要在性成熟期与体成熟期之间找一个平衡点,即找出一个既不影响青年母猪和仔猪的发育,又不影响猪场的经济收入的适当年龄,可见适配年龄是人为确定的。一般而言,在青年母猪达到性成熟期后经过3次发情,并且体重达到成年母猪体重的50%~70%时就可开始配种,有的青年母猪虽然适配期已到,但由于种种原因,个体发育很差,体重尚达不到该品种适配年龄的要求,仍然不能配种。一般认为,外来猪种以出生后7~8月龄、体重达100~120千克时开始配种比较合适,其中长白猪还可提早一个发情期配种;我国本地猪种虽然性成熟较早,但考虑到不影响母猪和仔猪的发育,还是以出生后6~7月龄、体重达55~65千克时开始配种较为合适。

(二)母猪发情的适宜观察期和识别方法

我国地方猪种的母猪发情识别不存在困难,因为特征非常明显:阴户红肿、阴道分泌大量黏液、呆立、尖叫、跳栏、拆栏、不吃料、满栏撒粪尿等,即使饲养员不去查栏也可知道哪头母猪正在发情。但是外来猪种及它们的杂种猪的发情就没有那么明显了,特别是一些俗称"暗发情"的母猪(约占30%),发情很难识别,即使有经验的饲养员也不太容易察觉,因此往往会漏过配种期,贻误了生产时间。

发情期是一个连续变化的生理过程,随着卵巢的生理变化,发情的不同时期有不同的生殖道和行为的变化特点。在生产实践中为了便于描述发情过程,根据发情的不同时期的变化特点人为地把一个发情周期划分为发情前期、发情期、发情后期和休情期四个时期。

发情前期是卵巢的卵泡开始加速发育的时期,但由于卵泡尚小,分泌的激素不多,故在体表上各种生理和行为特征很不明显,人们很难觉察到这种变化,所以这个时期不是我们识别发情的适宜时期,此时期大约持续2天。发情期是卵巢的卵泡已经发育得比较成熟的时期,在大量激素的作用下各种生理和行为特征表现得比较充分,是发情特征表现最明显的时期(发情特征如上述),也是家畜进入有性要求的时期,这时是人们观察发情的大好时期。每天早上和傍晚饲养员要细心观察,对暗发情的母猪还要赶公猪进行试情,特别要仔细观察阴户的红肿和阴道分泌物的变化,不要漏过暗发情的母猪。识别发情最可靠的方法:一是看阴户是否有分泌物,即使有的母猪分泌物很少,但用手指伸入阴户内摸一摸黏膜,还是有潮湿感和黏性感的;二是赶公猪试情,看母猪是否接受公猪爬跨或表现出强烈的性行为。

发情期的持续时间为40~70小时。

发情后期是发情生理变化的恢复期,各种生殖道的生理变化和性行为表现都逐渐消退,趋向正常。但是排卵是发生在发情后期开始到发情期结束这一段时间的,所以此时是配种工作的一个重要时期。研究发现,母猪发情后经过16~48小时,平均31小时就开始排卵,排卵过程4~6小时。抓住母猪短暂的排卵时间及时配种是提高母猪受胎率和产仔数的关键。排卵发生在母猪体内,人们在体表是看不见、摸不着的,那么饲养员该如何判定母猪的配种时间呢?

(1)制订母猪发情预测表:这是根据以前对每头母猪发情观察的记录而制订的。

(2)每天早晚两次观察母猪发情特征,特别要观察阴户的红肿和阴道分泌物。一般而言,观察压背静立反应也有效,特别是经产母猪百分之百表现有压背静立反应,但初产母猪只有70%有此反应。有经验的配种员手执一根长约1.5米、直径约2厘米的塑料管,在栏外戳几下母猪屁股就知道母猪是否有压背静立反应。如果母猪呆立不动,而且阴户由肿大开始消退并出现皱纹,阴户颜色由桃红色变为紫红色,阴道分泌物由稀变稠并能用大拇指和食指蘸一点黏液拉成丝或感受到黏性,即可开始第一次配种。此时公猪一进栏,母猪就追逐公猪,会把屁股凑给公猪配种,公猪爬背后母猪一动也不动。也有的猪在这些特征出现后12小时才进行第一次配种,这取决于母猪个体发情期的长短。

(3)发情期短的母猪要适当提前配种,发情期长的要适当推迟配种,有少数青年母猪发情不明显,还要把母猪保定起来进行强迫配种。

休情期是母猪卵巢排卵后形成黄体的时期。由于黄体细胞产生大量黄体酮,如果母猪怀孕了,则进入怀孕期,黄体酮可促使子宫等生殖器官发生一系列生理变化从而为受精卵的发育、胚胎的着床和胎儿的发育创造良好的条件;如果母猪没有怀孕,则在黄体酮的作用下不表现发情,处于休情状态。但黄体只存在16天,此后黄体稍失,卵巢受垂体前叶分泌的促卵泡素作用,小卵泡又开始发育,准备进入下一个发情期。

(三)母猪适时配种

在公母猪的生殖细胞都发育正常的条件下,母猪适时配种是决定母猪能否受胎和产仔多少的关键因素。由于母猪排卵是在体内进行的,人们在体表不易察觉,再加上母猪个体的适时配种时间差异较大,为10~82小时不等,所以正确掌握个体的适时配种时间是相当困难的。

1. 母猪适时配种的生理基础

受胎是指精子和卵子在母猪输卵管内结合成受精卵,移动到子宫内着床并发育成胎儿的复杂生理过程。只有在最合适的时间内交配,新鲜的精子和卵子结合,才能使受精达到理想程度。因此,要想正确掌握母猪适期配种,首先要了解它的生理机制。

日本学者丹羽等人对母猪的受精过程进行了细致研究,他们选用中约克夏19头、巴克夏10头、大约克夏12头、杂种母猪4头,合计45头作观察试验对象。采用的方法是:每天赶公猪2~4次试情以确定发情开始时间,每隔2~4小时将发情母猪屠宰或阉出卵巢检查是否排卵,并打开腹腔看排卵后的卵巢状况,取得了重要的研究成果。以下为他们的研究成果:

(1)母猪排卵期。确定母猪的正确排卵期很难,因为它是在母猪体内发生的。日本学者丹羽等人采用"试情加屠宰"的方法研究确定国外猪种母猪的排卵时间为发情开始(母猪开始接受公猪爬跨作为发情开始)后25.5~36.5小时,平均(31±5.5)小时。其中,发情持续期长者稍迟(如长白猪),短者稍早。这与欧美国家学者报道的基本一致,如Corner和Anus. Baush报道为发情后24小时,Mumford报道为发情后24小时或稍后,Haring报道为24~36小时。

(2)母猪的排卵持续期一般为1~7小时,平均4小时,另有学者认为是平均6小时。总之,母猪的排卵持续期很短。

(3)卵子保持受精能力的时间。卵子最大限度保持受精能力的时间为(14.5±5.5)小时。

(4)卵子的移行。卵子通过输卵管的总时间为排卵后3天,但受精部位在输卵管的前1/3处,卵子通过输卵管前1/3段的时间为排卵后6~12小时。

(5)精子到达输卵管受精部位的时间。精子到达输卵管受精部位的时间受诸多因素的影响,如精子输入子宫的部位、母猪的发情程度或母猪生殖道的状态、精子的活力、母猪生殖道的病理变化等。一般而言,交配后30分钟大部分精子已占据子宫体和子宫角,有部分精子已到达输卵管(精子到达小母猪体内较快,到达老母猪体内较慢)。大约交配后15.6小时,大部分精子可到达输卵管受精部位。

(6)精子在雌性生殖道内保持受精能力的时间。精子在母猪生殖道内最长生存时间是42.5小时,但活精子不一定能使母猪受胎,真正具有受精能力的生存时间只有25~30小时,最多不超过36~48小时。

从以上资料信息来看,母猪发情期间的适配时间受诸多因素影响,而且各个因素又都是一个变数,因此母猪发情期间的适配时间很难用一个简单的数学公式来表达,而只能找出一个众数来表示。下面是一个交配时间的众数估计方法:

母猪发情后至开始排卵时所用时间(约31小时)+卵子通过输卵管前1/3段的时间(约6小时)—交配后大部分精子可到达输卵管前1/3段受精部位所需时间(约15小时)=交配时间(约22小时)

这就是说多数母猪在发情后22小时左右(母猪允许公猪爬跨算起)开始第一次交配一般可以受胎。精子在母猪生殖道内保持受精能力的时间至少有25小时,母猪的卵子保持受精能力的时间至少有15小时,尽管二者的时间可能有重叠,但至少可以认为母猪交配后在15~40小时之内排出的卵子都有精子等着受精,这样母猪受胎的把握性就较大了,如果再配种一次,母猪受胎的机会就更多。

2. 母猪适时配种的"临床"判断

(1)以发情特征开始出现后的天数来估计母猪的适配时期。日本学者对中约克夏、巴克夏、长白猪、大约克夏四个猪种进行了从发情特征开始出现到适时配种的天数的调查,调查结果见表4-1。

表4-1 开始出现发情特征到适时配种的天数

品种	总头数/头	适时配种的母猪头数/头						
		第二天	第三天	第四天	第五天	第六天	第七天	第八天	第九天
中约克夏、巴克夏	146	—	8 (5.5%)	93 (63.8%)	36 (24.7%)	9 (6.0%)	—	—	—
长白	198	—	4 (2.0%)	23 (11.6%)	97 (49.0%)	61 (30.8%)	10 (5.1%)	3 (1.5%)	—
大约克夏	78	—	2 (2.6%)	12 (15.4%)	40 (51.3%)	21 (26.9%)	3 (3.8%)	—	—

注:括号内数据是指当天适时配种的母猪头数占母猪总头数的百分比。
来源:笹崎龙雄.养猪大成[M].3版.北京:农业出版社,1988:63.

由表4-1可知,从发情特征开始出现到适时配种的天数是一个变数,而且个体间差异较大。此外,即使从众数来看,品种间也不完全相同,中约克夏和巴克夏以第四至第五天居多数,长白和大约克夏以第五至第六天居多数。如果减去发情前期的时间(大约2天),则中约克夏和巴克夏母猪以接受公猪爬跨后第二至第三天可适时配种的居多数,长白和大约克夏以第三至第四天居多数,比前面根据屠宰测定数据估算的要迟1~2天。其中,长白猪群的适配天数分散的范围最大,可拖到6天之久。

(2)根据母猪受胎率来推断母猪的适配时间。日本学者调查了约克夏、巴克夏和长白猪母猪受胎率与母猪发情期内配种时间的关系,调查结果见表4-2和表4-3。

表4-2 长白猪母猪受胎率与发情期内配种时间的关系

发情期别	发情前期		发情期				发情后期	
发情开始后天数/天	1	2	3	4	5	6	7	8
外阴部红肿程度	☆	☆☆	☆☆☆	☆☆☆☆	☆☆☆☆☆	☆☆☆☆	☆☆☆	☆☆
接受公猪爬跨后时间/小时	0	0	10	26	37	48	82	—
受胎率/%	0	0	7.5	22.5	42.5	30.0	5.0	2.5

注:受胎率指受胎母猪头数占该天发情配种母猪头数的百分比。

表4-3 约克夏和巴克夏猪母猪受胎率与发情期内配种时间的关系

发情期别	发情前期		发情期			发情后期		
发情开始后天数/天	1	2	3	4	5	6	7	8
外阴部红肿程度	☆	☆☆☆	☆☆☆☆☆	☆☆☆☆	☆☆☆	☆☆	☆☆	☆
接受公猪爬跨后时间/小时	—	—	10	26	37	48	72	—
受胎率/%	0	0	8.5	63.8	21.2	6.4	0	0

注:受胎率指受胎母猪头数占该天发情配种母猪头数的百分比。

由表4-2和表4-3可知,从受胎率来看,约克夏和巴克夏猪种在母猪接受公猪爬跨后10~37小时(或发情开始后第三至第五)内进行配种,受胎率可达93.5%;长白猪发情期较长,配种时间向后推迟,并且适配时间也较长,在接受公猪爬跨后26~48小时(或开始发情后第四至第六天)内进行交配,受胎率可达95%。这与母猪排卵时间25.5~36.5小时、平均(31±5.5)小时比较接近,可认为是母猪发情期内适配时期。但英国R.P.Charlesworth认为,健康的长白母猪的适配时期是在容许公猪爬跨后12~24小时;日本学者丹羽通过实践认为长白母猪的适配期是允许公猪爬跨后10~82小时,多数在24~60小时内配种较满意,中心点是允许公猪爬跨后24小时。各人观

点虽然不尽相同,但以允许公猪爬跨后 24 小时为中心点是一致的。

(四)发情期内适宜的配种次数

日本学者丹羽等曾对长白猪和约克夏猪的人工授精次数和受胎率的关系进行调研,结果列于表 4-4。

表 4-4　长白猪和约克夏猪的人工授精次数和受胎率的关系

猪种名称	调研头数	受胎率				
		授精 1 次	授精 2 次	授精 3 次	授精 4 次	合计
长白猪	285	32.8%	61.2%	4.7%	1.3%	100%
约克夏猪	372	71.4%	26.3%	2.3%	—	100%

来源:笹崎龙雄.养猪大成[M].3 版.北京:农业出版社,1988:65.

由表 4-4 可知,若发情期内只配种 1 次,则长白猪的受胎率为 32.8%,约克夏猪为 71.4%;若配种 2 次,则长白猪为 94%,约克夏猪为 97.7%,足见以配种 2 次为好。长白猪由于发情期较长,可进行 3 次配种,受胎率可达 98.7%。配种次数再多,除个别猪发情期特别长的例外,一般没有必要。

另外,有人对生产猪群的产仔数和配种次数的关系也进行过统计,2 次配种的平均产仔数为 10.1 头(调查的母猪头数为 76 头),只配种 1 次的为 9.8 头(调查的母猪头数为 17 头),也证明配种 2 次的效果比较好。

(五)公猪的性成熟期、体成熟期和开始使用的年龄

提高母猪繁殖率,公猪也是一个重要因素。首先要合理利用公猪,公猪不能在性成熟期一到就过早利用,否则会影响公猪本身的生长发育,而且由于精液量少、精子少、未成熟的精子比例高,影响母猪受胎率和产仔数,但一直拖到体成熟期才利用当然也不行,因为不经济。公猪开始配种的时间要在性成熟与体成熟之间找到一个既不影

响自身生长发育,又不影响经济效益的平衡点。研究资料表明,公猪性成熟期为:嘉兴黑猪3~4月龄,体重20~30千克;外国猪6~7月龄,体重90~100千克。其体成熟期为:中国地方猪种约12月龄,外国猪种约16月龄。因此,开始用于配种使用的年龄是:中国地方猪种7~8月龄,体重为75~90千克;外国猪种9~10月龄,体重110~130千克。

(六)公猪一个月内合理交配(或采精)的次数

刚开始使用的青年公猪,一个月内限配(或采精)10~15次,即每交配1~2天要休息一天。满1岁的公猪,一个月可配15~20次,每配种2天要休息一天,或每配种1天要休息1天。满1.5~2.0岁的成年公猪,一个月内可配种20~25次,即每配种5~6天要休息一天。我国地方猪种配种次数可适当增加,在农村常见到一头公猪一天配2~3次。笔者在测定嘉兴黑公猪配种极限时发现,一头公猪在24小时内可爬背配种11次,但未知后来配种的精液品质和受胎率如何。

(七)精液质量优劣的鉴别

公猪精液品质的优劣直接影响到母猪的受胎率和产仔数。现将猪场简易鉴定方法介绍如下:

(1)公猪一次采精的射精量。公猪一次采精的射精量受健康、季节、饲料质量、环境等因素影响,正常情况下为200~300毫升,最多可达500毫升左右。射精量少于正常水平表明公猪健康有问题。

(2)精液的颜色和气味。正常精液呈乳白色,混浊而不透明,精子密度越大,颜色越白。若颜色发红、发黄或发绿都表明是病公猪的精液,不能使用。

(3)精液pH。正常精液pH为7.0~7.5,呈弱碱性。用石蕊试纸测定1分钟即可知。

(4)精子的活力。正常精子呈直线运动,绕圆圈、原地摆动等都属不正常现象,不正常精子的百分比超过15%的精液就不可用。精子活力评定分为0~1十个等级,0.6分以下的精液也不可用。

活力评定方法:在25~35℃环境条件下,用一根消毒过的玻棒蘸取一滴精液滴于经消毒、干燥、干净的玻片上,在200~400倍的显微镜下观察计数呈直线运动的精子的个数。1分表示全部精子呈直线运动,0分表示全部是死精。计数3个视野,取其平均数。

(5)精子的密度。精子的密度是指每毫升精液中所含精子数。在稀释精液时原精液精子的密度是决定稀释倍数的主要依据。精子密度可以采用目测法估算,即用一根消毒过的玻棒蘸取一滴精液滴于经消毒、干燥、干净的玻片上,在200~400倍的显微镜下观察精子密度,分密、中、稀三级。如果精子之间距离几乎看不出来,定为"密",估计每毫升所含精子数在2亿个以上;如果精子之间约有1个精子的距离,定为"中",估计每毫升含有1亿个精子;如果精子之间约有2个精子的距离,定为"稀",估计每毫升所含精子数在0.5亿个以下。若要获得比较准确的数据,可采用计数法,即将一滴稀释20倍的精液滴在血细胞计数板上,盖上盖玻片,然后在200~400倍的显微镜下计数5个(取四个角和中央各一个)有代表性的大方格的精子数,而后用公式(4-1)计算出每毫升原精液中所含精子数。

每毫升原精液中的精子数
=所数5个大方格中精子总数×5×10×1000×20 (公式4-1)

要想了解此方法的细节,请参考有关人工授精书籍,此处从略。

近几年又出现了一些计数精子数的新仪器,使测定每毫升中所含精子数更便捷,只要几分钟就可测得结果。新仪器有美国精虫计数器(广州亚卫畜牧新技术有限公司)、精子密度仪(上海东晋畜牧器械有限公司)和比色计等。具体使用方法请见仪器附带的说明书。

(6)精子的畸形率。精子的畸形率是指形态和结构不正常的精子占精子总数的百分比,若超过15%就判为劣质精液。不正常的精子有以下常见表现:精子头部特别大或特别小、一尾二头、头部破损、颈部断裂、颈部有原生质点(表示精子未成熟)、尾部卷圈、尾部断裂和一头二尾等。检查方法:取一滴精液滴于一玻片上,用另一空白玻片的一端在有精液的玻片上以一定的角度从一端前推到另一端,使精液在玻片上形成薄薄的一层,待自然干燥后,用红墨水或5%伊红水溶液染色3～5分钟,再用清水轻轻冲洗并晾干,然后置于400～600倍显微镜下随机数出有代表性的不同视野中500个精子中的畸形精子数。

在生产上不能用不正常的或劣质精液给母猪输精,也不可用精液不正常的公猪配种,否则会影响母猪的受胎率和产仔数。

(八)精液的稀释倍数和一次需给母猪的输精量或精子数

1.精液的稀释倍数

精液稀释的目的有四点:①扩大精液的容量。②为精子提供营养,延长精子寿命。③增加输精母猪的头数。④便于长途运输。精液的稀释倍数取决于精液浓度、精子的活力、稀释剂的质量等因素。在正常情况下,稀释倍数可由下列公式计算出来。

精液稀释倍数

$$= \frac{原精液中每毫升所含精子数 \times 活力等级 \times (1-畸形率)}{要求输入母猪体内每毫升稀释精液中的有效精子数}$$

(公式4-2)

举例:原精液每毫升含2亿个精子,精子活力为0.8级,畸形率为15%,要求输入母猪体内每毫升稀释精液含有效精子数为1亿,那么原精液可稀释倍数为多少?

$$原精液可稀释倍数 = \frac{2.0 \times 10^8 \times 0.8 \times (1-15\%)}{1.0 \times 10^8} = 1.36$$

另外一种办法:采用比色法在几分钟时间内就可测得每毫升中精子数,然后计算出一次采精所得精子总数,并根据一次输精要求的精子数计算出一次采精量和分装精液的份数,再根据一次输精要求的输精量算出应该加多少毫升稀释液,最后可计算出稀释倍数(具体

计算方法见如下例子)。例如:我们一次采得200毫升精液,测得每毫升原精液含有2.0亿个精子,则一次采得总精子数为400亿个,我们要求每份输精量为30亿个精子,那么可分装成13.3(约14)个输精分装瓶。我们还要求一次输精量为50毫升,则总剂量为700毫升,那么应加入稀释液500(700－200＝500)毫升,再计算出稀释倍数为3.5(700÷200＝3.5)倍。如果仪器附有一张不同精液密度的稀释倍数一览表(也可以通过计算自制),那么测得每毫升精子数后只要在表中一查,就可查得稀释倍数是多少,更为简捷。

2.每次给母猪人工授精的输精量或精子数

母猪输精量:国外通常是50~100毫升,约含50亿个精子;国内输精量多数为30~50毫升,约含有效精子数为30亿个。但在试验中发现一次给母猪输精15~20毫升,精子数约20亿个,也可使母猪受精。

五、充分发挥经济杂交在提高养猪经济效益中的作用

在生产实践中,杂交是指不同种、品种、品系或类群间的个体交配系统。在遗传学上,凡是染色体上有关位点拥有不同等位基因的两个亲体间的交配都叫杂交。在杂交中,将其后代用作肉猪以提高经济效益而不留作种用的杂交,叫经济杂交。经济杂交是在基本不增加养猪投入、不增加养猪棚舍、不增加劳动力和不增加饲料消耗的情况下迅速、大面积地提高养猪生产水平和经济效益的一种有效手段。一个养猪企业家一定要充分发挥经济杂交在养猪生产中的作用,以提高经济效益。

(一)杂种优势的概念和杂种优势率的估算

来自两个不同品种的个体间的杂交所产后代叫杂种,品系间杂交所产后代叫系间杂种,专门化品系杂交所产后代叫杂优猪。杂交所产杂种猪往往在生活力、生长势和生产性能等方面表现出超过双亲平均水平的现象叫做杂种优势,用公式表达如下:

$$H = F_1 - \frac{(S+D)}{2} \qquad (公式5-1)$$

式中:H 代表杂种优势值;F_1 代表杂种一代某一性状的平均值;S 代表父本品种某一性状的平均值;D 代表母本品种某一性状的平均值;$\frac{S+D}{2}$ 代表双亲某一性状的平均值。杂种优势是评定杂交方式和杂交组合优劣的主要依据。

个体杂种优势的大小可用个体杂种优势率来衡量,公式如下:

$$杂种优势率 = \frac{H}{\frac{(S+D)}{2}} \qquad (公式5-2)$$

有的书把这个公式改写为下式,道理相同。

$$杂种优势率=\frac{\overline{F_1}-\overline{P}}{\overline{P}}\times 100\% \quad (公式5-3)$$

式中:$\overline{P}$ 是双亲某一性状的平均值;$\overline{F_1}$ 是杂种一代某一性状的平均值。

父本杂种优势和母本杂种优势等计算方法,这里不作介绍,可参考《养猪业中的杂种优势利用》《生猪无公害饲养综合技术》这两本书。

例:大嘉杂种(F_1)26～90千克育肥期的平均日增重为643克,父本大约克夏为655克,母本嘉兴黑猪为547克,那么其杂种优势率为多少?

$$杂种优势率=\frac{643-\frac{655+547}{2}}{\frac{655+547}{2}}\times 100\%$$

$$=\frac{643-601}{601}\times 100\%\approx 7\%$$

即大嘉杂种(F_1)26～90千克期间平均日增重的个体杂种优势率为7%。

(二)获得杂种优势的若干规律

杂种优势的若干规律对于在养猪生产中正确利用杂种优势具有重要指导意义。

(1)不同的经济性状表现的杂种优势程度不同。一些遗传力低的和生命早期出现的性状最易获得杂种优势,如产仔数、泌乳力、仔猪成活率、断乳个体重、断乳窝重等;一些遗传力中等的性状比较容易获得杂种优势,如生长速度、饲料利用率等;一些遗传力高的性状不易获得杂种优势,如屠宰率、胴体长、眼肌面积、背膘厚等。

(2)近亲繁殖时容易出现退化的性状,杂交时最易表现杂种优势,如一些受非加性基因影响的性状(仔猪成活率、断乳窝重等)在近亲繁殖时容易出现退化,而在杂交时最易表现杂种优势。相反,一些受加性基因影响的性状(屠体等),在近亲繁殖时很少出现退化现象,而在杂交时就基本不表现杂种优势。

(3)杂种优势表现的程度取决于杂交亲本遗传的差异程度。一般而言,双亲的亲缘关系远,遗传差异大,杂交优势就比较明显。这是由于双亲的等位基因是显阴性对立的、非同质的,结合后会产生非加性基因效应的缘故。

(三)杂交亲本的选择

根据杂交组合方案要求,科学地选择亲本品种,尤其是父本品种,是影响经济杂交效果的一个重要因素。目前,我们常用的著名父本品种有4～5个,每个品种各有自己的特点,要仔细分析它们的优缺点,针对母本品种的现状选好、用好父本品种。

1. 杜洛克猪(Duroc)

杜洛克是美国著名的瘦肉型猪种,也是世界优秀的瘦肉型猪种,被毛樱桃红色(少数呈棕黑色),俗称"红毛猪"。

主要优点:①体格强壮,抗病力强,适应性广。②全身肌肉发达,表现出典型的瘦肉型猪体形,胴体瘦肉率达64%以上。③肉用性能好,生长快,饲料利用率高。④作为父本与中国猪种杂交,无论二元或三元杂交,杂交效果绝大多数都优于其他父本品种。⑤耐粗饲,喜食牧草。⑥肉质好,不发生恶性高热综合征。

主要缺点:①皮厚骨粗。②背膘比其他父本品种稍厚。③繁殖性能较差,表现为母猪产仔数较少,母猪泌乳量也较少,公猪性欲不太强,仔猪在4月龄前生长慢,较难养。④肌纤维较粗,肌内脂肪含量较低,口感欠佳。

2. 长白猪(Danish Landrace)

长白猪是丹麦优秀的腌肉型猪种,也是世界最优秀的腌肉型猪种。被毛白色,身腰特长,体形呈流线型。原名伦特雷斯(Danish

Landrase),1964年中国改名为长白猪。

主要优点：①体形美：头轻,身腰长,肩轻而紧凑,背稍弓,腿部发育良好,体形呈美观的流线型。其杂种后代也基本继承它的体形美的优点,受到生产者和消费者的喜爱。②肉用性能优良：在良好的饲养管理条件下,6月龄体重可达100千克左右,无论发育速度、饲料利用率、屠体品质都表现良好,是腌肉型种猪中最出色的品种。③繁殖力强：平均每窝产仔11头左右,仔猪初生重1.3～1.5千克,母猪每天泌乳7～12千克,是瘦肉型猪种中繁殖力最好的猪种。④与中国猪种杂交,效果也很好,但略逊于杜洛克猪。

主要缺点：①肉质欠佳,氟烷测验阳性率较高。②体质不够强健,适应性较差,抗病力较弱。③耐粗性较差,对饲料要求较高,较难饲养。④母猪发情期较长,发情特征不太明显,鉴别发情和配种比较困难。

3. 大白猪(Large White)

大白猪又叫大约克夏猪(Large Yorkshire),其原产地为英国约克夏郡及周围地区,是英国乃至全世界的理想的腌肉型猪种,近20年来逐渐普及世界许多国家和地区。

主要优点：①体质强健,四肢粗壮,胸部深宽,适应性强,可与杜洛克猪相媲美。②肉用性能好：生长速度、饲料利用率、屠体品质均好,可与长白猪相媲美。肉质优于长白猪,氟烷测验阳性率很低。③繁殖力强,哺乳性能良好,早期哺乳仔猪长得很强壮。④适用性广：既可作杂交父本用,又可作杂交母本用；既可作腌肉型品种用,又可作瘦肉型品种使用。⑤与中国猪种杂交的效果好：杂种猪的肉用性能与杜洛克猪、长白猪差不多,而且肌肉丰满,强壮性良好。

主要缺点：①背膘比杜洛克猪和长白猪稍厚。②身腰相对较短。

4. 汉普夏猪(Hampshire)

汉普夏猪原产于美国肯塔基州的布奥尼地区,是美国普及率第二位的瘦肉型猪种,在我国也曾有单位选用过。

主要优点:①早熟,生长快,饲料利用率高,有良好的肉用性能。②背膘薄,瘦肉率高于杜洛克猪。③体格强健、结实。④产仔数比杜洛克猪多,母性好,既可作杂交父本,又可作较好的母本。

主要缺点:①全身黑毛,在颈部和肩部接合处(包括肩胛部、前胸部和前肢)有一条白毛带环,故也叫"银带猪"。由于黑毛在中国市场上不受欢迎,所以影响了它在中国的推广。②体躯较短,在中国市场也不太受欢迎。

5. 皮特兰猪(Pietrain)

皮特兰猪原产于比利时的布拉帮特,是世界上瘦肉率最高的瘦肉型猪种,近20年来已被世界许多国家引进作为杂交父本使用或与杜洛克猪杂交生产皮杜杂种公猪作杂交父本使用。在一些新猪种或专门化品系的培育过程中,也导入了皮特兰猪的遗传成分。

主要优点:①全身肌肉发达,臀部特别宽广,外表可见一块块肌肉的条纹和分布的血管,背部两侧眼肌隆起,背中线形成一条沟,是猪种当中的"健美"运动员。②胴体瘦肉率高,一般可达80%左右,是其他猪种无法相比的。③与中国猪种杂交,对改善体形的肌肉丰满度和提高胴体瘦肉率,效果非常显著。

主要缺点:①有氟烷基因,而且基因频率很高,氟烷测验阳性率可达80%以上,有的群体可达100%。②正因为有氟烷基因,因此对应激非常敏感,外界稍有不良刺激,就会发生恶性高温综合征,而且死亡率较高。③被毛灰白色,夹有黑色斑点,这种毛色在中国市场不太受欢迎。④体形不大,体短脚矮,生长速度和饲料利用率均不高。⑤肉质较差:宰后肌肉往往颜色惨白、渗水、柔软(PSE肉),为消费者所不欢迎。

在杂交母本品种的选择上,一般都是利用当地原有猪种资源或它们的二元杂种(大多为长土、大土二元杂种)作母本,不存在母本品种选择的问题。在大型规模化猪场,一般都选用长大或大长两个洋二元杂种作母本,通过生产实践已基本定型,在相当长的一段时间内也不存在母本品种的选择问题,只要对它们现有的亲本品种进行再选育提高即可,以不断提高杂种猪的质量。

6.国外对杂交亲本品种的评价

美国有各个品种的登记协会,各个登记机关每月出版刊物将测定的站测定的数据公布于众,进行宣传。现根据普渡大学(Purdue University)13000头种猪及印第安纳州、俄亥俄州、明尼苏达州、南卡罗来纳州测定站15000头种猪测定结果统计于表5-1。

表5-1 美国对猪品种性能的评价

品种	母性能力		泌乳能力		产仔头数		肉猪										
							日增重		饲料转化率		胴体长		背膘厚		眼肌面积		臀、腰、腿部眼肌肌肉与体重的比例
	顺序	得分	顺序	得分	顺序	头数	顺序	克	顺序	—	顺序	厘米	顺序	厘米	顺序	厘米²	顺序	%
B	6	低	6	低	7	8.67	8	795	7	3.08	4	76.2	3	3.58	3	28.5	7	38.2
C	3	中	4	中	4	9.53	7	799	5	3.01	6	75.2	6	3.94	7	27.0	7	38.2
D	3	中	1	高	3	9.66	3	863	1	2.89	7	74.9	4	3.66	7	27.0	6	38.4
H	6	低	6	低	5	8.78	6	804	3	3.00	3	76.7	1	3.25	2	30.5	1	40.0
L	1	高	1	高	2	10.52	1	863	3	3.00	1	77.7	5	3.68	6	27.1	2	38.6
P	6	低	6	低	6	8.07	5	817	7	3.08	4	74.9	2	3.56	2	30.2	1	39.1
S	3	中	4	中	5	8.78	5	817	4	3.04	5	75.4	4	3.66	4	28.5	3	38.6
W	1	高	1	高	1	11.13	3	817	2	2.97	2	77.2	6	3.68	5	27.9	5	38.5

注:B—巴克夏猪,C—美国切斯特白猪,D—杜洛克猪,H—汉普夏猪,L—长白猪,P—美国波中猪,S—美国花豹猪,W—大白猪。

来源:笹崎龙雄.养猪大成[M].3版.北京:农业出版社,1988:30.

日本各县和茨城分场的产肉测定成绩统计于表5-2。

表5-2 日本猪的产肉性能测定

品种	统计头数/头	体重达90千克所需日龄/天	平均日增重/克	饲料转化率	背腰长/厘米	眼肌面积/厘米^2	平均背膘厚/厘米	大腿所占比例/%
Y	4	186	685	3.70	64.1	15.6	3.8	30.0
B	42	201	551	3.64	64.2	19.8	3.3	29.8
L	378	165	732	3.38	71.1	18.1	2.7	32.9
W	53	162	752	3.31	67.4	20.1	2.8	32.2
H	80	171	739	3.44	65.5	21.1	2.2	33.0
D	37	171	747	3.13	65.4	21.4	2.4	33.2

注:1. 表中所列产肉性能测定成绩是1974年的平均数,但巴克夏是1970年的平均数。

2. Y—约克夏猪,B—巴克夏猪,L—长白猪,W—大白猪,H—汉普夏,D—杜洛克猪。

来源:笹崎龙雄.养猪大成[M].3版.北京:农业出版社,1988:35.

日本笹崎龙雄先生对日本猪的产肉性能进行了总结,即在测定每一项目时对四个主要品种按测定结果进行排序,结果列于表5-3。

表5-3 日本猪品种特性总结

顺序	繁殖力	强壮性	发育	饲料转化率	瘦肉率	背脂肪	眼肌面积	大腿与背肌所占比例
1	L	D	D	D	H	H	H	D
2	W	W	L	W	D	D	D	H
3	D	H	W	L	L	W	W	W
4	H	L	H	H	W	L	L	L

注:L—长白猪,W—大白猪,D—杜洛克猪,H—汉普夏猪。

来源:笹崎龙雄.养猪大成[M].3版.北京:农业出版社,1988:34.

(四)育肥猪经济杂交方式与杂交组合的选择

经济杂交对提高养猪经济效益有两方面的作用,一是由于基因的互作效应所产生的强大的杂种优势现象;二是由于基因的显性效应,通过亲本间基因的交换和重组产生的主要性状优势互补的现象,所以在选择杂交方式与杂交组合时,要考虑这两方面的作用。

1. 选择原则

(1)杂种优势必须是最明显或比较明显的。在选择杂交方式和杂交组合时,必须以杂交组合对比试验(在对比试验中必须设计有亲本组作对照)结果为依据,从中选取生产性能和个体杂种优势率最高的杂交组合。若在生产上打算采用三元杂交或轮回杂交方式,则不仅要考虑个体杂种优势,还要考虑母本杂种优势。若在生产上打算采用双杂交或采用杂种公猪作父本,则还要考虑父本杂种优势。杂种优势用杂种优势率表示最科学,因为它最能表达杂种优势的概念,而且把杂种优势量化了,便于相互比较。但是,当前我国大多数杂交组合生产性能对比试验都没有设计亲本组作对照,因此没有办法求出杂种优势率,在这种情况下只有直接比较各组间主要性状测定值的高低,从中选取测定值相对较高的组合。这种方法不太科学,因为我们不知道其主要性状测定值是否超过双亲平均值、超过双亲平均值多少,所以不能进行各组间杂种优势率的相互比较。

(2)对当地及拟推广地区的环境条件(特别是当地的饲料资源)要有较强适应性,并对当地常见疾病有较强的抵抗力。

(3)能适应当前市场的需要,如屠体和肉脂的品质、毛色、体形等方面。

(4)必须能与当地母本猪种资源相匹配。

(5)投产后具有可操作性。

2. 杂交方式与杂交组合的选择

可从下列几种杂交方式与杂交组合中进行选择。

(1)不同杂交方式的基因贡献比例和杂种优势比较。现将不同杂交方式的每个亲本品种对杂种后裔(窝)的遗传结构所贡献的基因比例(G^I)和个体杂种优势(H^I)、每个品种贡献给该杂交方式下后裔母畜的基因比例(G^M)和父畜的基因比例(G^P)以及母体杂种优势(H^M)和父体杂种优势(H^P)列于表5-4。

表5-4 不同杂交方式下后裔个体及其父母畜的基因比例和杂种优势

繁育方案	品种组合 父本	品种组合 母本	杂种个体 G^I	杂种个体 H^I	母畜 G^M	母畜 H^M	父畜 G^P	父畜 H^P
纯繁	A	A	$1.0(A)$	0	$1.0(A)$	0	$1.0(A)$	0
两品种简单杂交	A	B	$\frac{1}{2}(A+B)$	$1.0(AB)$	$1.0(B)$	0	$1.0(A)$	0
两品种回交	A	AB	$\frac{1}{4}(3A+B)$	$\frac{1}{2}AB$	$\frac{1}{2}(A+B)$	1.0	$1.0(A)$	0
两品种轮回	A	$\frac{1}{3}(2B+A)$	$\frac{1}{3}(2A+B)$	$\frac{2}{3}AB$	$\frac{1}{3}(A+2B)$	$\frac{2}{3}$	$1.0(A)$	0
三品种杂交	A	BC	$\frac{1}{4}(2A+B+C)$	$\frac{1}{2}(AB+AC)$	$\frac{1}{2}(B+C)$	1.0	$1.0(A)$	0
三品种轮回	A	$\frac{1}{7}(4B+2C+A)$	$\frac{1}{7}(4A+2B+C)$	$\frac{4}{7}(AB)+\frac{2}{7}(AC)$	$\frac{1}{7}(4B+2C+A)$	$\frac{6}{7}$	$1.0(A)$	0
四品种杂交	CD	AB	$\frac{1}{4}(A+B+C+D)$	$\frac{1}{4}(AC+AD+BC+BD)$	$\frac{1}{2}(A+B)$	1.0	$\frac{1}{2}(C+D)$	1.0

注:G^I、G^M、G^P分别表示杂种个体、母畜和父畜的基因比例,H^I、H^M、H^P分别表示杂种个体、母畜和父畜的杂种优势,即来自不同品种的两个基因的位点比例。

来源:浙江省农业厅畜牧局,浙江省畜牧兽医学会.规模养猪手册[M].杭州:浙江科学技术出版社,1997:180.

从表 5-4 可知：①两品种简单经济杂交：F_1 杂种个体能获得完整的个体杂种优势。②两品种回交：个体杂种优势减半，但能利用完整的母体杂种优势。两品种轮回杂交：只能分别利用 2/3 个体和母体杂种优势。③三品种杂交：可以最大限度地利用个体和母体杂种优势。如果利用两品种 F_1 杂种公猪与另一纯种母畜交配，则只能利用父畜杂种优势，而不能利用母畜繁殖性能上的杂种优势。④三品种轮回杂交（指公畜都为纯种）：只能分别利用 6/7 的个体和母体杂种优势。⑤四品种杂交：可以最完全地利用个体、母体和父体的杂种优势。

需要指出的是：以上结论只是从遗传学理论分析而得到的，若要应用于实践，还应考虑纯种品种的性能互补的需要、杂交的一般配合力和特殊配合力、实践的可操作性、基因传递的时差、完整繁育体系的经济效益等因素进行综合权衡选用。从我国当前的养猪实践来看，三元杂交方式被认为比较符合当前的要求。

(2) 以我国地方品种为母本的不同杂交方式和杂交组合的肥育和胴体性状比较。以提高我国地方品种猪胴体瘦肉率和经济效益为目的，我国养猪科学工作者先辈许振英教授申报国家课题"中国地方猪种种质特性研究"，李炳坦研究员申报国家"六五"攻关项目"商品瘦肉猪杂交组合和配套技术"，他们组织全国重点地区的教学、科研单位开展了大量以外来瘦肉型纯种作父本、本地猪种作母本的不同杂交方式的杂交组合性能对比试验。同时，全国各地的教学、科研单位也针对当地的瘦肉猪生产需要，开展了本地区的杂交组合性能对比试验，取得了大量的科研成果，有力地促进了全国各地养猪经济杂交工作的开展。《养猪生产技术手册》（第二版）和《养猪业中的杂种优势利用》分别归纳了全国各地杂交对比试验资料；经荣斌教授于 1993 年也对 20 世纪 80 年代我国以生产瘦肉型猪为目的的杂交试验资料进行了汇总。笔者从中选用部分资料进行统计分析（用加权平均法统计后汇总），结果列于表 5-5、表 5-6、表 5-7、表 5-8。

五、充分发挥经济杂交在提高养猪经济效益中的作用

表5-5 以我国地方品种为母本的不同杂交方式和杂交组合的肥育和胴体性状比较

杂交方式	杂交组合		统计头数/头	肥育性状(26~90千克)		胴体性状		
	父本	母本		平均日增重/克	料肉比	屠宰头数/头	平均背膘厚/厘米	胴体瘦肉率/%
二元杂交	大约克夏	本地猪(宁、金、内、八)	38	537.16	3.65	29	3.95	47.47
	汉普夏	本地猪(太、花)	17	664.60	3.50	8	3.03	52.07
	杜洛克	本地猪(宁、淮、荣、太、金、八)	88	577.10	3.44	48	3.22	53.54
	长白	本地猪(内、沙)	12	729.67	3.51	10	3.67	45.65
三元杂交	杜洛克	二元杂种(长嘉、大嘉、长荣)	26	666.27	3.18	18	2.92	57.54
	长白	二元杂种(大嘉、汉花、杜金、杜八)	33	670.76	3.61	24	3.17	47.70
	大白猪	二元杂种(长淮、长沙、杜淮)	17	627.00	3.33	9	2.92	58.86
	汉普夏	二元杂种(杜淮、长淮、大淮、长花、杜花、大花)	53	590.58	3.44	44	3.02	49.65

注：宁—宁夏黑猪；金—金华猪；内—内江猪；八—八眉猪；太—太湖猪；花—大花白猪；淮—淮猪；荣—荣昌猪；沙—沙子岭猪；嘉—嘉兴黑猪。

由于表中资料来自全国各地、各单位,各地试验的时间、地点、条件都不完全相同,所以统计资料不像杂交组合对比试验资料那样准确,但统计资料仍可反映一些规律性的东西,对生产不失指导意义。具体分析如下：

分析二元杂交与三元杂交的资料可以看出,三元杂交的生产成本优于二元杂交：平均日增重三元杂交猪为631.15克,二元杂交猪为588.72克,三元杂交比二元杂交多42.43克,提高了7.21%;三元杂交、二元杂交的料肉比依次为3.42、3.50,三元杂交比二元杂交少0.08,降低了2.34%;三元杂交、二元杂交的平均背膘厚依次为3.03厘米、3.47厘米,三元杂交比二元杂交降低0.44厘米,降低了12.68%;三元杂交、二元杂交的胴体瘦肉率依次为51.52%、50.73%,三元杂交比二元杂交增加了0.79个百分点,提高了1.56%,这个趋势与前人的试验结果基本一致。

从二元杂交方式的杂交组合对比试验来看,平均日增重以长本组较好,料肉比以杜本组较好,平均背膘厚以汉本组较好,胴体瘦肉率以杜本组较好。虽以上资料未进行显著性测定,但不难看出最大值组与最小值组间差异明显,汉本组和杜本组间差异不明显。从生产瘦肉型猪考虑,总的来说以杜本组较好,这与所见报道的众多杂交组合对比试验结果基本一致。

从三元杂交方式的杂交组合对比试验来看,平均日增重以长二杂组较好,料肉比以杜二杂组较好,平均背膘厚以杜二杂组和大二杂组较好,胴体瘦肉率以大二杂组较好。从生产瘦肉型猪考虑,以杜二杂组较好,这也与所见报道的众多杂交组合对比试验结果基本一致。

(3)引入品种间不同杂交方式和杂交组合的肥育和胴体性状比较。当前规模化猪场饲养的绝大多数肉猪都是引入品种间的杂交种,为指导规模化猪场肉猪生产,现从《养猪业中的杂种优势利用》中选用部分资料(见表5-6)进行比较、分析,试图获得一些规律。

表 5-6　引入品种间不同杂交方式和杂交组合的肥育和胴体性状比较

杂交方式	杂交组合	头数/头	平均日增重/克 X	$H/\%$	料重比 X	$H/\%$	背膘厚/厘米 X	$H/\%$	胴体瘦肉率/% X	$H/\%$
二元杂交	长×大(1)	10	715	17.13	3.13	−4.43	2.37	0.61	64.75	3.98
	长×大(2)	10	627	8.55	3.35	−3.74	2.74	7.03	60.82	3.51
	杜×长	10	710	25.66	3.47	0.87	2.54	−5.05	62.46	−0.46
	平均		684	17.11	3.32	−2.43	2.55	0.86	62.68	2.34
三元杂交	杜×长大(1)	10	720	9.84	3.22	−2.13	2.23	−21.89	63.23	0.38
	杜×长大(2)	10	748	14.11	2.96	−10.03	2.15	−24.69	65.61	4.16
	大×长大	10	731	4.12	2.85	−8.80	1.98	−21.89	68.22	9.13
	平均		733	9.39	3.01	−6.99	2.12	−22.82	65.69	4.56
四元杂交	大杜×长大	10	641	2.31	3.17	−3.35	2.38	−11.44	68.19	10.86
	AB×CD		645		2.9～3.3		2.70			
	杜约长×广花	10	611.2		3.24		2.56		61.63	
	平均		632.4		3.10		2.55		64.91	

注：1. X 表示各个性能的绝对值，H 表示杂种优势。

2. 杜约长×广花组资料引自广东省畜牧所张代等"瘦肉猪不同杂交组合对比试验"，文中"广花"是指广东大花白猪。

3. $AB×CD$ 是双杂交试验中选出的荷兰 HYPOR 猪，是四系配套专门化品系。

4. 长×大(1)和长×大(2)来自两个不同的群体，杜×长大(1)和杜×长大(2)为两次不同试验结果。

来源：施启顺，柳小春. 养猪业中的杂种优势利用[M]. 长沙：湖南科学技术出版社，1997：174.

分析表 5-6 中的资料可看出以下结果：

从三种杂交方式的个体杂种优势率来看,不同性状的个体杂种优势率表现不一样。平均日增重以二元杂交方式最优,料重比、背膘厚和胴体瘦肉率以三元杂交方式最优。表中的四元杂交,实际只有三个品种参与,还不能完全代表四元杂交方式。此结果的获得可作为对表5-4的补充。在生产上对以上试验结果可根据需要选用。

从三种杂交方式的生产性能来看,平均日增重、料肉比、背膘厚和胴体瘦肉率四项全部都是三元杂交方式较好。生产性能是杂种优势和品种间性能互补的综合效应,直接与养猪经济效益相联系,值得生产者重视。

分析二元杂交方式中各杂交组合的生产性能可见:平均日增重、料重比、背膘厚和胴体瘦肉率都是以长×大(1)组较好,不过若将长×大(1)组和长×大(2)组数据加以平均,则有些测定结果不如杜×长组好。逐项分析杂种优势率可知,料重比和胴体瘦肉率以长×大(1)组较好,背膘厚以长×大(2)组较好,平均日增重以杜×长组较好。若将长×大(1)组和长×大(2)组数据加以平均,结果仍然如此。

分析三元杂交方式中各杂交组合的杂种优势率和生产性能可见:无论是生产性能还是杂种优势,胴体瘦肉率以大×长大组较好;从杂种优势来看,平均日增重、料重比、背膘厚以杜×长大(2)组较好。若将杜×长大(1)组和杜×长大(2)组数据加以平均,则平均日增重以杜×长大组较好,料重比、背膘厚和胴体瘦肉率仍以大×长大组较好。

分析四元杂交方式中各杂交组合的生产性能可知:双杂交组在各方面略占优势。另外,杜约长×广花组虽是四元杂交,但由于参入的一个品种是本地品种广东大花白猪,其生产性能较低,致使杜约长×广花组生产性能不及大杜×长大组的高。表中试验结果对生产具有一定的参考价值。

(4)以我国培育品种为母本与引入品种间不同杂交方式和杂交组合的肥育和胴体性状比较。在20世纪七八十年代,我国各地开展了以本地猪种为母本、以引入瘦肉型猪种为父本的新品种培育工作,大多采用三元杂交方式,也有在原来杂交种的基础上整顿选育而成的,如上海白猪,到80年代末,通过国家鉴定验收的品种约有17个。

以这些培育品种为母本或作为二元杂交的第一父本,再以引入瘦肉型猪种为终端父本,开展了二元和三元杂交生产高档商品瘦肉猪试验,在一个历史阶段内取得了显著的经济效益。现引用《养猪业中的杂种优势利用》中部分资料,整理汇总于表5-7。

表5-7 以我国培育品种为母本与引入品种间不同杂交方式和杂交组合的肥育和胴体性状比较

杂交方式	杂交组合		头数/头	肥育性状		胴体性状		
	父本	母本		日增重/克	料重比	头数/头	背膘厚/厘米	胴体瘦肉率/%
二元杂交	杜洛克	湖北白猪	20	692	3.64	20	—	64.58
	汉普夏	湖北白猪	20	683	3.32	20	—	62.82
	长白猪	湖北白猪	20	595	3.86	20	—	62.73
	平均			555.7	3.61	60	—	63.38
三元杂交	杜洛克	长北	44	623	3.35	24	3.38	58.5
	杜洛克	长吉	59	634	3.3	9	2.69	60.25
	大白猪	长北	35	679	3.19	32	3.26	58.16
	平均			641.91	3.29	65	3.23	58.57

来源:施启顺,柳小春.养猪业中的杂种优势利用[M].长沙:湖南科学技术出版社,1997:165.

分析表5-7,可看出以下几个问题:

从杂交方式看,容易表现杂种优势的、由基因上位效应所控制的肥育性状,三元杂交方式都优于二元杂交方式,如日增重提高15.51%,料重比降低8.86%;对不易产生杂种优势的、由多基因控制的胴体性状,三元杂交方式没有显示杂种优势,胴体瘦肉率反而降低7.59%。生产上可根据需要选用。

从杂交组合性能对比来看,二元杂交方式中的三个组,母本相同,都是湖北白猪,但所选公猪品种不同,所以主要看父本效应。从试验结

果看,日增重和胴体瘦肉率都以杜洛克公猪组较好,料重比以汉普夏组较好,长白公猪组表现稍差,生产上以选用杜洛克公猪组为好。三元杂交方式中的三个组相比,胴体瘦肉率和背膘厚以杜洛克为父本的杜长吉组较好,日增重和料重比以大白猪为父本的大长北组较好。生产上以选用杜洛克公猪作父本为好,大白猪品种一般用作母本较为妥当。

(5)合成群体保留杂种优势的预测。

1)合成群体的概念。合成群体是由两个或多个组分品种杂交培育而成的,旨在不与其他品种杂交就可利用杂种优势的一个品种群体。它与杂交繁育体系相比,可以直接利用杂种优势,简化了繁育体系,被认为是利用杂种优势的一种替代方法,这样就可以节省为杂交提供亲本的纯种猪的维持费用。不同方法培育的合成群体中期望保留的杂种优势值见表5-8。

表5-8 不同方法培育的合成群体中期望保留的杂种优势值

交配类型		杂种优势/%	交配类型		杂种优势/%
纯种		0	四品种合成群体	1/4A,1/4B,1/4C,1/4D	75.0
一代杂种		100		3/8A,3/8B,1/8C,1/8D	68.8
轮回杂交	二品种	66.7		1/2A,1/8B,1/8C,1/8D	65.6
	三品种	85.7	五品种合成群体	1/4A,1/4B,1/4C,1/8D,1/8E	78.1
	四品种	93.3			
二品种合成群体	1/2A,1/2B	50.0		1/2A,1/8B,1/8C,1/8D,1/8E	68.8
	5/8A,3/8B	46.9	六品种合成群体:1/4A,1/4B,1/8C,1/8D,1/8E,1/8F		81.3
	3/4A,1/4B	37.5			
三品种合成群体	1/2A,1/4B,1/4C	62.5	七品种合成群体:3/16A,3/16B,1/8C,1/8D,1/8E,1/8F,1/8G		85.2
	3/8A,3/8B,1/4C	65.6	八品种合成群体:1/8A,1/8B,1/8C,1/8D,1/8E,1/8F,1/8G,1/8H		87.5

注:"杂种优势"是指相对于一代杂种的杂合度。

来源:刘文忠.家畜合成群体保留杂种优势的预测与培育效果评价[J].遗传,2009,31(8):791-798.

下面是借用绵羊的断乳重资料来了解不同杂交繁育体系相对于纯种群的相对生产效率,详见表5-9。

表5-9 绵羊不同杂交繁育体系的断乳重相对生产效率

遗传类型		通用体系	终端体系
纯种		100	122
一代杂种		117	150
轮回杂交	二元	134	146
	三元	143	153
合成群体	二元	125	141
	三元	131	145
	四元	138	150

注:1. 此为绵羊的资料,供参考。

2. 表中通用体系包括纯种、一代杂种、轮回杂交以及合成群体;终端体系是指再利用一个终端父本与通用体系的母本杂交所产后代,全部作商品利用。

来源:刘文忠. 家畜合成群体保留杂种优势的预测与培育效果评价[J]. 遗传, 2009, 31(8):791-798.

2)一个新合成群体保留杂种优势的估计。一个新合成群体保留杂种优势的估计方法有四种。①直接估计法:根据合成群体和其组分品种的性能表现,利用基于线性模型的最小二乘分析,可以估计出合成群体及其纯种组分品种各性状的最小二乘均值,估计的保留杂种优势就是合成群体与纯种组分品种各性状的最小二乘均值之差。②与合成群体的有关组分品种或杂种的生产性能进行比较:这个方法是评估合成群体培育效果的最直接的方法。该方法围绕育种目标将合成群体的性能与其组分品种或杂种的性能进行比较来评价。③与某一参照品种进行比较:根据设计要求,合成群体可以培育成通用品种或专门化母本品种或专门化父本品种,那么评价其培育效果可以将合成群体与对应的某一参照品种或某一专门化母本品种或专门化父本品种进行比较。④利用遗传距离预测杂种优势:遗传距离

是生物群体间遗传差异的一种度量。对一个特定性状而言,遗传距离应是指两个群体间的平均基因型值的绝对离差;对群体而言,可以假定其平均表型值等于平均基因型值。为了使具有不同单位的性状间的遗传距离能放在一起相互比较,可将基因型值除以该性状的标准差,求得标准化的基因型值。这时,两群体间的遗传距离就变成两个标准化基因型值的绝对离差。此外,猪的很多经济性状的基因型值之间的遗传关系不像所假定的利用多个性状的表型资料估测遗传距离时那样——不同性状基因型值之间是相互独立的,且方差是相等的,而实际上并不相互独立,各性状的方差也不一定相等,因此要采用多元统计分析方法,即利用各性状的遗传相关矩阵求得其特征根和特征向量的方法来估算遗传距离并预测杂种优势。

读者可根据具体条件选用上面所介绍的四种方法之一来估计新合成群体的保留杂种优势。不过,笔者认为无论选用哪一种方法,获得可靠的测定数据是最重要的。因此,培育了一个新的合成群体后,首先要进行一次合成群体与纯种组分品种的生产性能比较测定,获得准确测定数据后再利用上述所介绍的方法进行统计分析。

3. 轮回杂交简介

轮回杂交方式在我国有计划、有组织生产的猪场几乎是没有的,只有在遇到母猪来源十分紧缺的情况下,有些猪场才被迫短期采用过,但这种方式是完全无计划进行的,所以最后往往导致母猪群亲缘关系混杂,主产性能下降,反而导致不良后果。但轮回杂交在美国却十分盛行,因为它的一个最大的优点是用于杂交的母猪全是自己场内生产的杂种,即以从商品猪群中挑选出来的杂种母猪当母本,无须花钱外购,没有遭受疫病侵袭的风险,猪场不必保持纯种母本群,因而管理上比较简单并有利于降低生产成本。轮回杂交方式也有其缺点:首先,它的杂种优势不及固定杂交的高,如在两品种轮回杂交时个体杂种优势和母本杂种优势与三品种固定杂交相比,都丧失大约 1/3,三品种轮回杂交时大约丧失 1/7。其次,所生产的商品猪的体形不太整齐,毛色也比较杂乱,为一般猪场特别是外贸猪场所不欢迎。

第三,操作起来需要有一套严密的组织管理措施,不然极易致使母猪群亲缘关系混乱,导致不良后果。现把轮回杂交方式的有关知识作简要的介绍,供欲采用者参考,见表5-10、表5-11、表5-12、表5-13、表5-14。

表5-10 两品种轮回杂交时各世代的基因比例

基因型		世代	后代基因型	品种/%	
父本	母本			A	B
A	B	1	$1/2A$ $1/2B$	50	50
A	$1/2A$ $1/2B$	2	$3/4A$ $1/4B$	75	25
B	$3/4A$ $1/4B$	3	$3/8A$ $5/8B$	38	62
A	$3/8A$ $5/8B$	4	$11/16A$ $5/16B$	69	31
B	$11/16A$ $5/16B$	5	$11/32A$ $21/32B$	34	66
⋮	⋮	⋮	⋮	⋮	⋮
B	$2/3A$ $1/3B$	N	$1/3A$ $2/3B$	33	67
A	$1/3A$ $2/3B$	$N+1$	$2/3A$ $1/3B$	67	33

来源:施启顺,柳小春.养猪业中的杂种优势利用[M].长沙:湖南科学技术出版社,1997:156.

表5-11 三品种轮回杂交时各世代的基因比例

基因型		世代	后代基因型	品种/%		
父本	母本			A	B	C
A	B	1	$1/2A$ $1/2B$	50	50	0
C	$1/2A$ $1/2B$	2	$1/4A$ $1/4B$ $1/2C$	25	25	50
A	$1/4A$ $1/4B$ $1/2C$	3	$5/8A$ $1/8B$ $2/8C$	62	13	25
B	$5/8A$ $1/8B$ $2/8C$	4	$5/16A$ $9/16B$ $2/16C$	31	56	13
C	$5/16A$ $9/16B$ $2/16C$	5	$5/32A$ $9/32B$ $18/32C$	16	28	56

来源:施启顺,柳小春.养猪业中的杂种优势利用[M].长沙:湖南科学技术出版社,1997:156.

表5-12 轮回杂交方式与三种固定杂交方式的杂种优势率比较

杂交方式		杂种优势率		
		个体杂种优势	母本杂种优势	父本杂种优势
纯种		0	0	0
两品种杂交:A♂×B♀		1	0	0
回交	AB♀×(A♂或B♂)	1/2	1	0
	(A♀或B♀)×AB♂	1/2	0	1
三品种杂交	AB♀×C♂	1	1	0
	C♀×AB♂	1	0	1
四品种杂交:AB♀×CD♂		1	1	1
轮回杂交	二品种	2/3	2/3	0
	三品种	6/7	6/7	0

来源:施启顺,柳小春.养猪业中的杂种优势利用[M].长沙:湖南科学技术出版社,1997:153.

表5-13 轮回杂交与其他杂交方式的窝产仔数及预期年活仔数比较

杂交方式	可利用的杂种优势	窝产仔数	预期年活仔数比较
纯种		8.3	100
两品种杂种	I	8.8	106
回交	1/2I+M	9.3	115
三品种杂种	I+M	9.6	118
两品种轮回杂交	2/3I+2/3M	9.1	112

注:I=个体杂种优势;M=母本杂种优势。

来源:施启顺,柳小春.养猪业中的杂种优势利用[M].长沙:湖南科学技术出版社,1997:153.

表 5-14 不同杂交方式后代生长和胴体性状比较

杂交方式		体重达100千克的天数/天	100千克时背膘厚/厘米	平均日增重/克	日采食量/千克	料重比
终端杂交(T)	D×YL	163.8	2.09	840	2.67	3.17
	Y×LD	162.6	2.30	847	2.77	3.28
	L×DY	164.6	2.19	831	2.75	3.30
轮回杂交(R)	D×YLD	164.5	2.02	845	2.66	3.17
	Y×LDY	165.3	2.25	835	2.73	3.28
	L×DYL	164.1	2.19	828	2.74	3.31
SE		1.1	0.03	0.007	0.021	0.018
差(T−R)		−0.97	0.04	3.33	0.02	−0.003
不同杂交方式间差异概率		0.13	0.007	0.51	0.26	0.92
品种比较概率		0.35	0.001	0.22	0.001	0.001

注:1. SE 为最小二乘均数的平均标准误。

2. D—杜洛克猪,Y—大白猪,L—长白猪,YL—大白猪与长白猪二元杂交母猪,LD—长白猪与杜洛克猪二元杂交母猪,DY—杜洛克猪与大白猪二元杂交母猪,YLD—大白猪(♂)与长杜二元母猪杂交产生的三元杂交母猪,LDY—长白猪(♂)与杜大二元母猪杂交产生的三元杂交母猪,DYL—杜洛克猪(♂)与大长二元母猪杂交产生的三元杂交母猪。

来源:施启顺,柳小春. 养猪业中的杂种优势利用[M]. 长沙:湖南科学技术出版社,1997:180.

(五)建立完善的杂交繁育体系

建立完善的杂交繁育体系是开展杂种优势利用的最后一道工序。我们先确定杂交亲本和杂交组合,再建立完善的杂交繁育体系进行有领导、有计划、有组织的生产。完善的杂交繁育体系要按杂交组合的要求建立由纯种(亲本)育种场、杂交母猪繁殖场、商品猪场组成的组织体系,优化各个猪场猪群的合理规模,开展以育种场为核心、繁殖场为中介、商品场为基础的宝塔形生产,使通过选育提高的育种场的亲本猪种的优良基因能够顺利、快速地流向商品猪群,使杂种优势得到最好的发挥,从而产生最大的经济效益。建立完善的杂交繁育体系是现代集约化养猪的重要组成部分,发达国家都把建立完善的杂交繁育体系作为开展均衡、优质、高效商品猪生产的组织保证。

关于优化杂交繁育体系,我国有多位学者进行过研究。如赵昕红等(1994)采用线性规划方法,对黑龙江省2000年生产1300万头商品猪的计划拟订了三种杂交方案的杂交繁育体系(表5-15)。滕晓华等(1994)报道了以杜洛克猪、大白猪和长白猪三个品种为研究对象,按国内外常用的杂交组合方案,模拟了在二元杂交、回交和三元杂交方式下建立16000头母猪生产240000头商品猪的完善的杂交繁育体系。王楚端、张沅(1996)进行了猪杂交繁育体系最优化研究,他们利用Savicky(1993)评估繁育体系效率的确定性生物经济学模型,模拟了大白猪、长白猪、杜洛克猪及汉普夏猪4个品种的64个杂交繁育体系的生产效率,筛选出了经济效益最高的20个杂交繁育体系(表5-18)。柳小春、吴晓林等(1993)利用线性规划法对宁乡猪的兼顾保种、选育和杂交利用的繁育体系提出了优化方案。崔雅茹进行了牡丹江市杜长大(杜大长)三元杂交猪繁育体系的研究等。

下面介绍赵昕红、李炳坦、王楚端和张沅等学者的研究结果(表5-15、表5-16、表5-17和表5-18),可供生产者参考。不过若要直接应用他们的研究结果,一定要选用品种相同和生产水平相近的例子,若品种和生产水平不同,不可盲目引用。计算方法和过程比较复杂,这里不作具体介绍,需要进一步了解的读者可查阅他们的原文。

表 5-15 黑龙江省猪完整杂交繁育体系达到稳定态时的猪群结构

单位:%

杂交方式	杂交组合	核心群(H或S或M)	核心群(L或LW)	核心群(D)	繁殖群	商品生产群	合计
二元杂交	L×H	1.87	0.48	—	10.75	86.90	100.00
	L×M	1.41	0.49	—	9.53	88.57	100.00
	LW×S	1.42	0.47	—	9.53	88.58	100.00
回交	L×(L×H)	1.88	0.49	—	10.75	86.88	100.00
	L×(L×M)	1.36	0.50	—	9.18	88.96	100.00
三元杂交	D×(L×H)	1.86	0.36	0.46	10.70	86.62	100.00
	D×(L×M)	1.35	0.31	0.47	9.14	88.73	100.00
	D×(LW×S)	1.35	0.30	0.47	9.14	88.74	100.00

注:L—长白猪,H—哈白猪,M—东北民猪,S—三江白猪,LW—大约克夏猪(大白猪),D—杜洛克猪。

来源:浙江省农业厅畜牧局,浙江省畜牧兽医学会.规模养猪手册[M].杭州:浙江科学技术出版社,1997:195.

表 5-16 母猪群各年龄群体的比例

类型	年龄/年	占基础母猪总数/%	备注
鉴定母猪	1~1.4	40~60	不包括在基础母猪群内
	1.5~1.9	35	
基础母猪	2~2.9	30	
	3~3.9	20	
	4~5	10	
	5 岁以上	5	
核心母猪	2~5	25	包括在基础母猪群内

来源:李炳坦,赵书广,郭传甲.养猪生产技术手册[M].2 版.北京:中国农业出版社,2004:86.

表 5-17 完整繁育体系与非完整繁育体系经济效益比较(11 年累计利润相比)

杂交方式	每头母猪获利/元	每头肉猪获利/元	产出/投入	商品场每头母猪年产肉猪头数/头
完整的繁育体系				
三元(D♂×YL♀)	2705.7	187.69	1.093	15.3
回交(Y♂×YL♀)	2650.0	183.75	1.091	14.5
二元(Y♂×L♀)	2400.7	170.40	1.085	14.3
非完整繁育体系(不设核心群)				
三元(D♂×YL♀)	2367.6	165.76	1.065	—

注:1. D—杜洛克猪;Y—大约克夏猪(大白猪);L—长白猪;YL—大约克夏猪(大白猪)与长白猪的二元杂种母猪。
　2. 获利(元)会随市场价格变动而变化。
来源:浙江省农业厅畜牧局,浙江省畜牧兽医学会.规模养猪手册[M].杭州:浙江科学技术出版社,1997:197.

根据滕晓华等(1994)用系统动力学的原理和方法建立完整繁育体系动态模型,用 MICRO-DYNAMO 语言编写程序,建立不同杂交方式的系统分析模型进行分析研究,结果表明:完整的繁育体系下的各项经济指标都超过非完整繁育体系;完整的繁育体系下各种杂交方式相比,又以三元杂交方式最高,回交居中,二元杂交方式最低。由此可见,建立完整的繁育体系的经济效益是十分明显的。

表 5-18 生产效率最高的 20 个繁育体系

繁育体系	G	%	A	%	B	N
H×(Y×L)	4136.6	146.0	92.9	85.8	0.018	0.018
H×(L×Y)	4135.7	146.0	92.9	85.8	0.018	0.018
H×(Y,L)rot	4020.4	141.9	94.8	87.5	1.000	0.015
(D×H)×(Y×L)	3894.7	137.5	95.3	88.0	0.005	0.005
(H×D)×(Y×L)	3894.4	137.5	95.3	88.0	0.005	0.005

续表

繁育体系	G	%	A	%	B	N
(D×H)×(L×Y)	3893.8	137.5	95.3	88.0	0.005	0.005
(H×D)×(L×Y)	3893.5	137.5	95.3	88.0	0.005	0.005
(D×H)×(Y,L)rot	3796.8	134.0	97.0	89.6	1.000	0.002
(H×D)×(Y,L)rot	3796.3	134.0	97.0	89.6	1.000	0.002
H×(D,Y,L)rot	3707.3	130.9	100.9	93.2	1.000	0.015
(H,Y,L)rot	3696.2	130.5	99.2	91.6	1.000	0.012
(Y,L)rot	3666.1	129.4	95.4	88.1	1.000	0.010
D×(Y×L)	3649.9	128.9	97.8	90.3	0.018	0.018
D×(L×Y)	3649.9	128.9	97.8	90.3	0.018	0.018
H×Y	3628.3	128.1	102.4	94.6	0.072	0.072
H×L	3621.5	127.9	102.4	94.6	0.072	0.072
H×(D×Y)	3571.4	126.1	104.0	96.0	0.018	0.018
H×(D×L)	3568.5	126.0	104.0	96.0	0.018	0.018
D×(Y,L)rot	3553.3	149.1	99.7	92.1	1.000	0.015
H×(H×Y)	3537.4	124.8	103.6	95.7	0.018	0.018
Y×Y	2832.5	100.0	108.3	100.0	1.000	1.000

注:1. D—杜洛克猪,H—汉普夏猪,Y—大约克夏猪(大白猪),L—长白猪,rot—轮回杂交。

2. 表中 G—每头母猪的利润(元),A—每生产1000头出栏肉猪所需母猪头数,B—自己提供后备猪的子系统比例,N—育种群比例。

来源:王楚端,张沅. 猪杂交繁育体系最优化研究[J]. 中国农业大学学报,1996,1(3):87-92.

原作者分析表5-18认为:经济效益最高的20个杂交繁育体系中包括2个二元杂交终端杂交繁育体系、1个回交繁育体系、6个三

元终端杂交繁育体系、4个四元终端杂交繁育体系、1个二元轮回杂交繁育体系、1个三元轮回杂交繁育体系、2个三元终端轮回杂交繁育体系和3个四元终端轮回杂交繁育体系。经济效益最高的是汉普夏×(大白猪×长白猪)和汉普夏×(长白猪×大白猪),比对照繁育体系高46.0%;位列第三的是汉普夏×(大白猪,长白猪)rot,比对照繁育体系高41.9%。原作者还认为,虽然三元杂交繁育体系的平均经济效率低于四元杂交繁育体系,但汉普夏×(大白猪×长白猪)和汉普夏×(长白猪×大白猪)却是所有繁育体系中经济效益最高的体系,说明在特定的繁育方法中,亲本的遗传素质及相互间配合情况对繁育体系的经济效益有显著影响,这一点要引起读者重视。

六、精心经营,增产节约

对一个企业、一个猪场而言,精心经营至关重要。精心经营可以降低生产成本,可以调动职工的劳动积极性,可以提高设施的利用率,可以搞好防疫卫生,减少疫病的发生等。简而言之,优良的管理能出效益。

(一)制订周密的年度生产计划

生产者在每年年底都要制订下一年度的生产计划。生产计划是一个猪场下一年度的行动纲领和奋斗目标,一定要订好、订得周密,使下一年的工作有条不紊地开展。生产计划应包括下列主要内容:

(1)确定生产目标。生产目标是我们的奋斗目标,一般要每年修正,修正时要考虑下列因素:①总结执行上一年度计划所取得的成绩和存在的问题。②上级新下达的任务。③预测下一年度市场形势。④分析下一年度猪场条件的变化,如资金情况、饲料供应情况、养猪设施和设备增添情况、猪群变动、猪群健康状况等。⑤参考本行业兄弟场的生产指标。⑥是否要兼营其他行业等。指标要明确,从而制定猪场商品猪的年度和季度经营规模、生产指标和经济效益指标、兼营行业的规模和经济效益指标。指标既要先进,又要通过努力可以完全实现。

(2)分析完成指标的现有条件。要考虑的条件有猪群品种和规模、猪舍及饲养设施、饲料供应、技术力量、猪群健康状况等。

(3)确定下年度各品种、各猪群的具体生产规模。

(4)确定下年度兼营行业的种类和规模。

(5)对下年度市场形势的预测:可通过市场调查、同行交流、专家咨询等方式了解市场情况。

(6)了解下年度政府政策的可能变化或新政策的出台。

(7)资金来源渠道。

(8)计划生产工艺革新的内容、规模和投资。

(9)完成指标拟采取的主要措施:根据计划的目标要求、上年度的经验教训、本场存在的突出问题等提出几条措施。

(10)经营核算:要按照国家会计制度的规定,建立经营核算的账户,设立记账科目和账本分类,规定统一计算方法、投资盈亏分析和投资风险度分析方法等。

(二)建立养猪生产责任制

制订生产计划以后,接下去的工作是建立养猪生产责任制,把确定的总目标、总任务落实到各劳动车间、各班组,甚至到劳动者个人,层层落实,让千斤重担大家挑,使全场万众一心、齐心协力为完成总任务而奋斗。从另外一个角度讲,养猪生产是一种周期较长而又具有连续性的生产,其生产过程由许多劳动阶段和劳动项目组成,而每个阶段或项目的劳动质量都影响到最后的产品——肉猪的产量和质量,但平时这种影响的程度却不易检查和度量,往往要到一个生产阶段或一个生产过程结束时才能集中、准确地反映出来,因此就需要建立一定形式的生产责任制,以促使劳动者时时刻刻、保质保量地完成自己的每项工作。对一个规模猪场来说,责任制的形式以联产计酬生产责任制比较适合。所谓联产计酬生产责任制,是一种联系产量计算报酬的形式,超额完成包产任务受奖励,不完成包产任务受惩罚。一般实行多奖少罚的方式,以鼓励职工的生产积极性。做法是:年初在通过总结前三年实际生产成绩的基础上给不同生产类别的劳动组织或个人制订承包的产量、质量、产值指标和具体奖罚办法,经民主讨论落实,至一个生产阶段结束或年终时按责任制规定结算兑现。若把责任制与劳动竞赛结合起来进行,则对激发劳动者的生产积极性的效果更好。

(三)实行猪场的经济核算

所谓经济核算,就是在国家统一计划的指导下,对企业在生产经营活动中的资金占用、劳动消耗和经营成果进行记载、计算、考查和对比分析的一种经济管理方法。实行经济核算有利于提高养猪场的管理和技术水平。猪场经济核算的方法有3种:会计核算、统计核算和业务核算,其中业务核算是最基础的核算。经济核算的内容包括2个方面:①基本建设的经济核算,即对每个建设项目、建设方案的投资效果进行核算。②生产活动的经济核算。这里,我们重点介绍生产活动的经济核算。

生产活动的经济核算分为资金核算、生产成果核算、劳动工资核算、产品成本核算、利润核算5个方面。这5个方面密切联系,互相补充,构成一个完整的核算体系。通过这些核算,以产品成本核算为中心,反映企业在一定时间内的经营成果。养猪企业都要实行全面的经济核算,以达到用最少的劳动消耗和物资消耗取得最好的经济效益的目的。

1. 资金核算和管理

资金核算是猪场财务管理的主要内容。资金是猪场各种财产和物资的货币表现,是猪场生产活动的基础,一般由畜舍、厂房、设备、原材料、生产成品、货币形态的资金等构成。根据它们在生产过程中的用途和周转方式不同,分为固定资金、流动资金和专用资金三类。

(1)固定资金的核算和管理。固定资金是指房屋等建筑、猪舍、购置机器设备等所占用的资金,其物质实体是各种固定资产。固定资金核算包括固定资金利用情况核算和折旧核算2个方面。

反映固定资金利用情况的指标有4个:

1)设备利用率指标。它是指设备实际使用天数(或时数)与日历天数(或时数)的比率。计算公式如下:

$$日历时间利用率(\%)=\frac{设备有效作业时间}{日历时间} \quad (公式6-1)$$

2) 设备生产率指标。它反映了企业的机器设备在单位工作时间内工作能力的负荷程度,如饲料加工设备生产率用台时产量表示,即一台设备在1小时内完成的工作量,或是每个台时的平均产量。计算公式如下:

$$每台时平均产量(千克)=\frac{产品产量(千克,按定额工时计算)}{设备平均台数×设备工作时间}$$

$$(公式6-2)$$

3) 固定资金产值率指标。它表示单位价值的固定资金在一定时间内生产的总产值。计算公式如下:

$$固定资金产值率(\%)=\frac{总产值(元)}{固定资产平均原值(百元)} \quad (公式6-3)$$

这个指标的数值越大,表明固定资产的综合利用效果越好。

4) 固定资金盈利率指标。这是一个用固定资金占用量与企业的盈利额相比较的指标,用以衡量单位固定资金提供了多少盈利。计算公式如下:

$$固定资金盈利率(\%)=\frac{全年盈利总额(元)}{全年平均占用固定资金总额(元)}$$

$$(公式6-4)$$

(2) 固定资产折旧核算。凡是对磨损的固定资产设备进行大修理和更新时,必须按期将其损耗记入生产成本,在产品销售出去之后,回收这笔费用,并积累起来,以便在一定时期后再用于大修理和更新。这种按期将固定资产磨损转作生产成本的方式,叫做折旧。这部分转作生产成本的固定资产损耗的价值,叫做折旧费。

固定资产的损耗可分为有形损耗和无形损耗。有形损耗是指固定资产在生产过程中受生产要素的磨损和锈蚀的损耗;无形损耗是指由于技术进步而引起的固定资产的贬值。原则上,猪场提供的折旧费应能补偿这两种损耗,历年所提供的折旧费最后应达到更新固定资产的水平。固定资产折旧可分2种:①为固定资产的更新而提取的折旧,称基本折旧。②为支付大修理费用而提取的折旧,称大修

理折旧。计算固定资产折旧,一般采用"使用年限法"和"工作量法"两种方法,计算公式如下:

每年基本折旧额(元)

$$= \frac{固定资产原值(元) - 残值(元) + 清理费用(元)}{使用年限} \quad (公式6-5)$$

每年大修理折旧额(元)

$$= \frac{使用年限内大修理的次数 \times 每次大修理的费用(元)}{使用年限}$$

$$(公式6-6)$$

在实际工作中,如果主管部门预先规定了折旧率,就可根据固定资产原值计算折旧率,公式如下:

某项固定资产年折旧额(元)

$$= 该固定资产原值 \times 该项固定资产折旧率 \quad (公式6-7)$$

应用公式(6-7)时应注意以年折旧率计算出来的年折旧费包括年基本折旧费与年大修理折旧费。

折旧率根据计算对象所包括的范围不同,分为单项折旧率、分类折旧率和综合折旧率三种,其中单项折旧率是指每一项固定资产的折旧率,见公式(6-8)。

某项固定资产折旧率(%)

$$= \frac{该项固定资产年折旧额(元)}{该项固定资产原值(元)} \times 100\% \quad (公式6-8)$$

分类折旧率是按使用年限大致相同的固定资产分类计算折旧率,综合折旧率是按企业全部固定资产平均计算折旧率。

企业为加强固定资产的管理,应根据各种固定资产的特点和具体情况,建立相应的保管、使用、维修责任制。购入和自制各种新增固定资产要及时入账,损坏、外调的固定资产要及时冲销。

2. 流动资金核算和管理

核算流动资金主要是核算流动资金的占用情况和利用程度。反映流动资金使用效果的指标有3个:产值资金率、流动资金周转率和流动资金盈利率。

(1) 产值资金率。产值资金率是指每百元产值中定额流动资金占用的比率。比率越小,流动资金利用效果越好。

每百元产值中定额流动资金占用的比率

$$= \frac{\text{定额流动资金平均占用额(元)}}{\text{总产值(百元)}} \times 100\% \quad (\text{公式}\ 6-9)$$

(2) 流动资金周转率。它是反映流动资金周转速度的指标,包括全部流动资金周转率和定额流动资金周转率,用周转一次需要的天数表示。

全部流动资金周转率的计算公式如下:

$$\text{流动资金周转次数} = \frac{\text{计算期内产品销售收入总额(元)}}{\text{计算期内流动资金平均占用额(元)}}$$

$$(\text{公式}\ 6-10)$$

$$\text{流动资金周转天数} = \frac{\text{计算期天数}}{\text{周转次数}} \quad (\text{公式}\ 6-11)$$

将公式(6-10)代入公式(6-11)中得

$$\text{流动资金周转天数} = \frac{\text{计算期内流动资金平均占用额(元)}}{\text{计算期内产品销售收入总额(元)}} \times \text{计算期天数}$$

$$(\text{公式}\ 6-12)$$

式中:计算期天数一般按年(360天)计算。

全部流动资金周转率与定额流动资金周转率的关系如下:

全部流动资金周转率 = 定额流动资金周转率 ×

$$\left[1 + \frac{\text{非定额流动资金平均占用额(元)}}{\text{定额流动资金平均占用额(元)}}\right]$$

$$(\text{公式}\ 6-13)$$

(3) 流动资金盈利率。该指标不仅能反映流动资金周转速度,而且还可以表明流动资金使用的实际经济效果。计算公式如下:

$$\text{流动资金盈利率} = \frac{\text{全年盈利总额(元)}}{\text{全年平均流动资金占用额(元)}} \times 100\%$$

$$(\text{公式}\ 6-14)$$

式中:全年平均流动资金占用额是指在一年内平均占有流动资金的数额。会计账上的流动资金额一般按四个季度平均计算。

为了加强流动资金管理,企业必须建立和健全现金和各种物资的管理制度。企业的现金管理要实行"明确分工、钱账分管"的原则,要做到会计管账不管钱、出纳管钱不管账、采购用钱不存钱。库存备用现金除留一定限额外,多余的应及时送存银行。企业向国家或其他单位出售产品,应实行非现金结算。企业向外购买物资、修理器具等,除金额较小的零星开支外,一般都应通过银行进行转账结算。

养猪企业的物资种类较多,类型不一,要进行分类管理。如各种猪群的管理、产品的管理、饲料管理、器具零配件及油料的管理等等,都应定期清点,登记造册,实行责任制,纳入财务项目核算,做到账物相符。产品和原材料仓库要建立和健全物品出入库手续,严格按规定办事,凡不符合规定手续的,保管员有权拒付。

3. 生产成果核算

生产成果核算是生产者最关心的重要内容之一,包括产量和质量2个方面。

(1)产量指标。产量指标包括实物量、劳动量和价值量三种形式,其中实物量是计算产量的基本形式。反映产量的具体指标有:

1)商品产量。商品产量是指企业生产的可供作销售的一切合格产品,其产量一般以实物单位表示(头、千克)。产量计划完成率的计算公式如下:

$$产量计划完成率 = \frac{实际完成产量}{计划产量} \times 100\% \qquad (公式6-15)$$

2)商品产值。商品产值是以货币形式表示的商品产量。其优点是:由于它反映的是销售产品的价值,因此通过它可以测算企业的销售收入。若与商品成本相比较,又可测算企业所创造的纯收入。

3)总产值。总产值是以货币形式表示的生产工作总量。总产值能综合地反映企业的全部生产成果,而且是计算其他许多指标(如劳动生产率、产值利润率、产值利用率、固定资产利润率等)的依据。计算总产值除了采用现行价格外,还可采用不变的价格。

4)净产值。净产值是反映企业新创造的价值。由于它不包括各种物质资料的转移价值,因此比总产值更能说明问题。

(2)质量指标。质量指标是企业生产技术水平的标志之一。评定养猪产品的质量多从产品内部品质和外表鉴定来评价,肉猪的主要指标有:出栏率、达100千克活重的饲养天数、胴体瘦肉率、背膘厚、肌肉中蛋白质含量、猪肉品质等;种猪群的主要指标有:受胎率、胎产仔头数等;仔猪的主要指标有:成活率、断乳窝重等。

4. 劳动工资考核

劳动工资考核包括劳动生产率核算和工资核算。

(1)猪场劳动生产率核算。评价猪场劳动生产率最常用的指标有4个:

1)人年生产产品数量。即养猪企业平均每个劳动力1年内生产主要猪产品的数量。

2)单位产品耗工时数。即生产单位猪产品平均消耗的劳动工时数。此指标能准确反映养猪企业实际的劳动生产率水平。

3)人年创产值数。即平均每个生产者1年内所创造的总产值。由于这个指标是按生产者在同一单位时间内生产各类产品的产值来计算的,消除了彼此间实物单位的不同,因此便于考核不同单位或同一单位不同年份间劳动生产率水平。但使用时须注意计算方法和价格的统一。

4)人年创纯收入数。即平均每个生产者1年内所创造的纯收入数量,它表明劳动者对社会的实际贡献,可用于扩大再生产和改善职工生活条件。

(2)工资总额的核算。主要核算工资总额的实际数与计划数的差异情况及工资总额的变动与构成情况。工资总额是企业在一定时期内以货币形式支付给职工的劳动报酬总额,在核算这一指标时要和生产计划完成的情况进行对比,如果工资总额实际支出数和计划数相一致,而生产计划超额完成了,就意味着节约,反之则浪费。如果劳动生产率增长高于工资增长,在这种情况下工人的工资即使有所增加,单位产品的工资含量也并不一定增长,有时还可能减少,从而使产品成本减低;反之,就意味着产品成本增加。

工资总额是由标准工资、经常性奖金和津贴等构成的,在核算时要核算工资总额的构成,了解它的变动情况,使标准工资、经常性奖金和津贴三者之间保持适当的比例关系。

5. 成本核算和管理

一个猪场的盈利＝销售收入－销售成本－税金　（公式6-16）
式中:销售收入主要由市场所控制,主观能左右的幅度很少;税金是政府部门定的,主观上基本没有调节的余地;唯有销售成本这一项,完全可由经营者来掌握,变幅也较大,是我们增加盈利的主要调节对象。

猪产品成本是猪场生产猪产品所消耗的物化劳动(即转移到产品中去的已被消耗的生产资料价值)与活劳动(即劳动者支出的必要劳动所创造的价值)两部分价值的总和。猪产品成本按记入方法划分,可分直接费用和间接费用;按与产量的关系划分,可分变动费用和固定费用;按经济用途划分,可分为工资福利费、饲料费、燃料费、医药费、折旧费、管理费等十多项。其计算方法如下:

(1)混群饲养的成本计算。混群饲养是指大猪、小猪一起饲养管理,在成本计算时把整个猪群作为核算对象进行计算,但只计算本期销售肉猪的总成本作为群体单位成本。即使某些核算资料不全,也可运用此计算方法进行本期和全年的计算。计算公式如下:

出售肉猪的总成本(元)
＝期初存栏生猪的总价值＋本期购入猪的价值＋
　本期饲养的总费用－期末存栏猪的价值－副产品的价值

（公式6-17）
式中:副产品价值是指出售猪粪、猪鬃、淘汰猪等的收入。

肉猪每千克体重销售的成本(元)＝销售肉猪的总成本(元)÷
　　　　　　　　　　　　　　　销售肉猪的总重量(千克)

（公式6-18）

(2)分群饲养的成本计算。分群饲养是指按猪生长过程的不同发育阶段进行分群饲养,如果会计和统计资料齐全,具备核算条件,就可按不同的猪群进行成本核算。核算群一般可分为:基本猪群、幼猪和育肥猪群两个群。核算时要把两个核算对象相混的全部饲养费、生产费合理分摊到两个猪群中去,才可进行产品成本计算。

1)基本猪群的成本计算。基本猪群包括基本母猪、种公猪、后备母猪和未断乳仔猪。基本猪群的主要产品是仔猪,副产品是猪粪和淘汰猪。计算公式如下:

断乳仔猪活重的总成本(元)=基本猪群的饲养费用(元)-副产品价值(元) (公式6-19)

断乳仔猪活重的单位成本(元)

$= \dfrac{断乳仔猪活重的总成本(元)}{断乳仔猪的总活重(千克)}$

$= \dfrac{基本猪群的饲养费用(元)-副产品价值(元)}{断乳仔猪的总活重(千克)}$ (公式6-20)

每头断乳仔猪的成本(元)

$= \dfrac{断乳仔猪的活重总成本(元)}{断乳仔猪头数(头)}$

$= \dfrac{基本猪群的饲养费用(元)-副产品产值(元)}{断乳仔猪头数(头)}$ (公式6-21)

猪群饲养日成本(元)

$= \dfrac{该群本期饲养费用(不减去副产品价值,元)}{该群本期饲养天数(天)}$ (公式6-22)

式中:

猪群本期饲养天数=期初头数×到本期末饲养天数+
增加头数×从增加日到本期末饲养天数-
离群头数×从离群日到本期末饲养天数

计算出断乳仔猪活重的单位成本(元)和每头断乳仔猪的成本(元)后,就可以分别计算出转群仔猪、存栏仔猪的总成本。

转群仔猪的总成本(元)=断乳仔猪活重的单位成本(元)×转群仔猪的总活重(千克)

(公式6-23)

出售仔猪的总成本(元)＝断乳仔猪活重的单位成本(元)×

出售仔猪总活重(千克)　(公式6-24)

存栏仔猪的总成本(元)＝断乳仔猪活重的单位成本(元)×

存栏仔猪总活重(千克)　(公式6-25)

2) 幼猪和育肥猪群的成本计算。幼猪和育肥猪群包括断乳幼猪、育肥猪、后备猪及基本猪群中淘汰作为育肥处理的猪。主要产品是增重量，副产品是猪粪、猪鬃及处理猪、死猪的废料价值。将全部饲养费用减去副产品价值，即为主产品的总成本。公式如下：

幼猪和育肥猪的总增重(千克)

＝期末存栏幼猪和育肥猪的总活重＋

本期内淘汰猪的总活重(包括死猪)－

本期内转入本群的猪的总活重－

期初存栏幼猪和育肥猪的总活重　　　　(公式6-26)

幼猪和育肥猪的增重总成本(元)

＝期初活重总成本(元)＋本期增重总成本(元)＋

购入和转入本群猪的活重总成本(元)－死猪残值(元)

(公式6-27)

幼猪和育肥猪增重的单位成本(元)

$= \dfrac{\text{幼猪和育肥猪的增重总成本(元)}}{\text{幼猪和育肥猪的增重量(千克)}}$　　(公式6-28)

幼猪和育肥猪的总活重(千克)

＝期末存栏活重(千克)＋期内离群猪活重(千克)(不包括死猪)

(公式6-29)

幼猪和育肥猪活重的单位成本(元)

$= \dfrac{\text{幼猪和育肥猪的活重总成本(元)}}{\text{幼猪和育肥猪的总活重量(千克)}}$　　(公式6-30)

在求出猪的活重的单位成本后，就可以分别计算出离群猪和期末存栏猪的总成本。公式如下：

期内离群猪活重总成本(元)＝期内离群猪总活重(千克)×

本群猪活重的单位成本(元)

(公式6-31)

期末存栏猪活重总成本(元)＝期末存栏猪总活重(千克)×
　　　　　　　　　　本群猪活重的单位成本(元)
　　　　　　　　　　　　　　　　　　　　　(公式6-32)

生产者知道各种成本的计算方法之后,就可以分析自己猪场降低成本的主要环节,采取有力措施,着眼于细节,把生产成本降到最低水平。

6. 利润核算

利润的核算可从利润额和利润率两方面进行考核。利润额是指利润的绝对数量,包括产品销售利润和总利润两个指标。销售利润包括对外的产品销售、对内的职工及其家属的产品销售以及自产自用的产品折算等所产生的利润。总利润是企业生产经营中的全部利润,包括产品销售利润和营业外收支净额两部分。其计算公式如下:

销售利润(元)＝商品销售收入(元)－生产成本(元)－
　　　　　　　销售费用(元)－税金(元)　　(公式6-33)
利润(亏损)总额(元)＝产品销售利润(亏损,元)±
　　　　　　　营业外收入净额(元)　　(公式6-34)

或者

利润总额(元)＝产品销售收入(元)－生产成本(元)－
　　　　　　　销售费用(元)－税金(元)±
　　　　　　　营业外收入净额(元)　　(公式6-35)

由于销售利润和利润总额只是说明利润的多少,而不能反映利润水平的高低,因此在考核利润时还要计算利润率。利润率包括成本利润率、产值利润率、资金利润率和投资利润率四个指标。

(1)成本利润率。成本利润率是销售利润与销售产品成本的比率。它是从利润角度反映企业生产过程中劳动消耗的多少,也间接反映了劳动者创造财富的多少。计算公式如下:

$$成本利润率 = \frac{销售利润(元)}{销售产品成本(元)} \times 100\% \quad (公式6-36)$$

(2)产值利润率。产值利润率是总利润与总产值的比率。它是

用利润占产值的百分比来反映利润水平的高低,也能从利润角度全面反映企业综合生产能力的利用情况。计算公式如下:

$$产值利润率 = \frac{总利润额(元)}{总产值(元)} \times 100\% \qquad (公式6-37)$$

(3)资金利润率。资金利润率是总利润与占用资金总额的比率。占用资金总额包括固定资金与流动资金。资金利润率比成本利润率更能全面、合理地反映利润率的实际情况,因为它在分母中既包括了劳动消耗,又包括了劳动占用,而成本利润率只包括劳动消耗。考核资金利润率对改善资金的利用也有着积极的作用。计算公式如下:

$$资金利润率 = \frac{总利润额(元)}{占用资金总额(元)} \times 100\% \qquad (公式6-38)$$

(4)投资利润率。投资利润率是企业全年利润额与基本建设投资总额的比率,通常以每万元投资所创造的利润来表示,是企业用来衡量投资经济效果的重要指标之一。计算公式如下:

$$投资利润率 = \frac{年利润额(元)}{基本建设投资总额(万元)} \times 100\% \qquad (公式6-39)$$

(四)企业盈亏平衡分析方法的应用

企业要经常进行盈亏平衡分析,以便及时发现问题,于第一时间调整经济活动。企业在进行盈亏平衡分析之前,先要计算出保本点。所谓保本点,就是生产(或销售)产品的总收入正好等于其总成本的那一点。计算出保本点后,企业经营者就能预测出企业的经营活动水平(产量或销售量)在经济活动中能实现多少盈利或亏损,这对企业作出正确决策、选用最优生产方案有着非常重要的作用。现把原浙江农业大学农经系袁飞教授在一次学术报告中所介绍的"企业盈亏平衡分析法"引用于此。企业盈亏平衡分析的理论依据来自下列关系式:

总成本+盈利=销售收入 （A式）

∵总成本=单位产品成本×产量

销售收入=销售价格×产量

∴A式可改写成:

单位产品成本×产量＋盈利＝销售价格×产量　　　　　(B式)

由于总成本又可剖分为固定成本和变动成本,列为如下公式：

总成本＝固定成本＋变动成本　　　　　　　　　　　(C式)

变动成本＝单位产品变动成本×产量

∴C式又可写成：

总成本＝固定成本＋单位产品变动成本×产量　　　　(D式)

从A式到D式所涉及的相关变量有：总成本、盈利、销售收入、单位产品成本、产量、销售价格、固定成本、变动成本等。盈亏平衡分析就是分析上述因素在变动中的相互关系,从中找出一个盈亏平衡点。这是一种比较简单而又科学的方法,国外企业在计划、生产、财产等方面应用较广。

盈亏平衡分析示意图如图6-1所示：

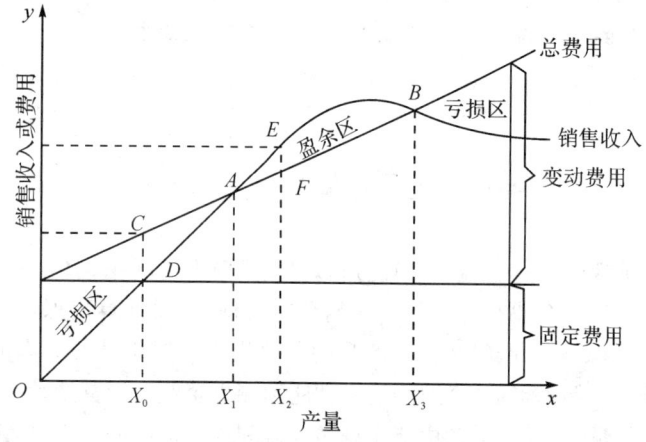

图6-1　盈亏平衡分析示意图

从图6-1可看出：在总费用线与销售收入线相交的A、B两点处,收入与费用相等。这两点称为盈亏平衡点,也叫保本点,其中A为低位盈亏平衡点、B为高位盈亏平衡点。在A点相对应的产量X_1以下,销售收入低于总费用,如虚线$DX_0 < CX_0$,即从收入中减去费用为负值,表示企业发生亏损；在产量X_1和B点相对应的产量X_3之间,销售收入高于总费用,如虚线$EX_2 > FX_2$,即从收入中减去费用为正值,表示企业获得盈利。若产量高于 X_3 点,由于产品过剩或成本过高等特殊原因也会出现亏损,所以 X_3 点的出现就给生产者敲起了亏损的警钟。今后,随着科技水平不断提高,生产水平逐步上升,高位盈亏平衡点 B 会不断向前推移,或由于市场价格变化,低位盈亏平衡点 A 也会向前推移,但企业家总是要在千变万化之中在 X_1 与 X_3 两点之间寻找最大盈利点。

(五)提高饲料利用率

饲料成本占到养猪生产总成本的 80% 左右,这是降低生产成本的主要研究课题。关于饲料利用率的表达有以下几种方法:

1. 饲料的单位报酬

饲料的单位报酬是指每消耗一定单位的饲料所获取的产品数量,有的书上称此为饲料转化率,则"产品数量"改用"价值"表示。公式如下:

$$饲料的单位报酬 = \frac{产品数量(千克)或产品价值(元)}{饲料消耗量(千克)}$$

(公式 6-40)

饲料单位报酬的比率越大,表明用较少的饲料消耗取得了较多的产品,饲料利用率就越高。

2. 单位产品的饲料消耗量

单位产品的饲料消耗量是指每获得 1 千克产品所消耗的饲料量或价值,有的书上和在生产实践中常称之为料肉比(或料重比)。公式为:

单位产品的饲料消耗量(千克)

$$= \frac{饲料消耗量(千克)或饲料价值(元)}{产品量(千克)}$$

(公式 6-41)

生产者要尽力通过饲料调制、饲料加工、科学配方等手段,提高日粮的消化率,以提高饲料转化率。此外,在饲养管理上要减少饲料浪费,在

饲料保存上要防止雀害和鼠害。不要小看鼠害,有报道称一只老鼠一年可吃粮食 7.5 千克(15 市斤)。此外,还要减少饲料的污染和霉变。

(六)运用边际分析法预测单位要素投入的单位产品产出效果

边际分析法也叫增量分析法,是研究物质生产部门经济效果的一种重要方法。在农业技术经济(包括养猪生产)研究中,经济效果的大小是通过各种生产资源的投入和产品或价值的产出之间的比率来反映的。由于在农业生产中各种物质和资金逐步投入,其相应的产品产出量不一定随之相应递增,当增加到一定程度后会出现递减或不增不减的现象,在某些特殊条件下也会出现这种递减或不增不减的现象,此时它们之间的关系既不是"零相关",也不是"完全相关",而是一种"统计相关"。边际分析法就是通过分析生产要素与产品之间的数量变化规律,预测以最小的投入量获得最大的产品产出量的一种优化技术。"边际"是指两个相关增量的瞬时变化率,"边际产量"就是每增加一个单位生产要素的投入所引起产品产出量的增量变化。用公式表示如下:

$$M = \frac{\Delta Y}{\Delta X} \qquad (公式 6-42)$$

式中:M 为边际产量;ΔY 为产出物的增量;ΔX 为投入物的增量。

在这里,"增量"就是在原有量的基础上新增加的数量。边际分析法的应用举例如下:

某猪场养有一群 30~50 千克的生长猪,目前日喂饲料量为 1.0 千克,日增重 0.2 千克,现想用增加饲料手段来提高生长猪的生长速度。试验和计算得知,在平均日喂给 1.0 千克饲料的基础上每增加 0.2 千克(一个单位),可使平均日增重在 0.25 千克的基础上相应增加 0.05~0.20 千克。当时的价格:饲料为 1.5 元/千克,活猪价格为 14.0 元/千克。要求计算出以最少饲料喂给量获得最大日增重的产值效果。

单位饲料投入量的相应日增重产出量见表 6-1。

表 6-1 单位饲料投入量的相应日增重产出量（假设）

组序号	饲料投入绝对量/千克	边际投入饲料单位数(ΔX)/千克	相应边际产品产出数(ΔY)/千克	当时饲料价格(P_x)/（元·千克$^{-1}$）	当时活猪价格(P_y)/（元·千克$^{-1}$）	增喂饲料成本（边际投入成本$P_x\Delta X$)/元	相应边际产品价值($P_y\Delta Y$)/元
1	1.0	0（基数）	0.25（基数）	1.5	14.0	—	3.5（基数）
2	1.2	1	0.07	1.5	14.0	0.3	0.98
3	1.4	2	0.16	1.5	14.0	0.6	2.24
4	1.6	3	0.20	1.5	14.0	0.9	2.8
5	1.8	4	0.17	1.5	14.0	1.2	2.38
6	2.0	5	0.12	1.5	14.0	1.5	1.68
7	2.2	6	0.05	1.5	14.0	1.8	0.7

注：1. 相关增重的瞬时变化率要用导数计算。

2. ΔX 为一个饲料日喂量单位，即 0.2 千克。

从表 6-1 可看出，在第一阶段（从第二组日喂料量增加到第三组日喂料量），随着饲料投入单位数逐步增加，边际产品产出数（千克）也相应增加；到第二阶段（到第四组日喂料量），随着饲料投入单位数继续增加，边际产品产出数（千克）达到高峰；到第三阶段（从第五组日喂料量增到第七组日喂料量），则随着饲料投入单位数的继续增加，边际产品产出数（千克）不但没有增加，反而剧烈下降。我们认为，当边际产值大于边际成本时，追加饲料喂量是合算的；当边际产值小于边际成本时，追加饲料喂量是不合算的；当两者产值相等时，追加饲料喂量就算达到适量程度。其数学表达式为：

$$P_y \Delta Y = P_x \Delta X \qquad \text{(公式 6-43)}$$

移项得：

$$\frac{\Delta Y}{\Delta X} = \frac{P_x}{P_y} \qquad \text{(公式 6-44)}$$

∵ $\Delta X = 1$（1 个饲料日喂量单位）

$$\therefore \Delta Y = \frac{P_x}{P_y}$$

分析本例的计算结果,可知

日增重 $\Delta Y = P_x/P_y = 1.5 \div 14.0 \approx 0.11$(千克)

查表6-1可知,日增重0.11千克是处于第二与第三组之间,即大约日喂1.3千克饲料(包括基础料1.0千克的情况下),日增重可得0.36千克(包括基数0.25千克),产值可得5.04元(包括基数3.5元),与成本相比,在猪价比较高的情况下,利润是比较高的。但是饲料的适宜日喂量不等于最佳的效益,如表6-1告诉我们,无论从边际日增重还是从产值来看,都是第四组处于第一名,即第四组的日喂量可取得最佳经济效益。所以,对饲料的适宜喂量还要进行具体分析。

(七)优化猪群结构,争取最大利润

猪群结构是指猪场内各种猪群的比例关系。合理的猪群结构是保证猪场生产协同运作和获取高利润的基本条件。猪群的比例关系是动态的,要随着生产条件的改变和猪群规模的变动不断进行调整。

在"一、猪场建造"中已经提及各种猪群的合理比例关系,那是为充分利用猪场现有设备、猪栏条件以及保证流水生产线的顺利运行而设计的,而下文所要讨论的猪群比例关系是为猪场获取养猪生产最大利润而设计的,虽然二者的最终目的都是为获取最大经济效益,但由于各自侧重点有所不同,因此二者所计算出来的猪群比例关系不一定完全一致。为此,对一个实行流水线生产作业的猪场来说,由下文介绍的方案所计算出来的猪群比例关系,还需根据流水式生产线的要求进行适当调整。

优化猪群结构的方法有多种,有手工计算的,有采用专用计算机软件计算的,也有利用电脑microsoft office办公软件之一的Excel电子表格处理软件(规划求解功能)计算的等。在当前电脑已十分普及的情况下,选用Excel电子表格处理软件来计算是最方便的。Excel电子表格处理软件(规划求解功能)实际上是运筹学的一个分支——线性规划,它原是管理上筹划人力、物力最优分配的数学方法。由于它的目标函数可以求最大值,也可以求最小值,它的约束条件中的符号可以是小于号,也可以是大于号,它把问题的约束条件和目标函数采用线性表达式表达,是运筹学中应用最广泛、方法较成熟的一个分支。它的主要组成部分是决策变量、目标函数和约束条件。

采用Excel电子表格处理软件进行优化猪群结构的步骤并不复杂,顺利的话只要花10多分钟就可完成。现结合一个具体事例加以说明,操作步骤如下:

设:某一猪场现养有经产母猪500头、公猪20头、保育猪7650头、育肥猪7200头、后备种猪150头,有猪舍面积6750米^2,年消耗饲料500万千克,正常年度可得年净利润280余万元。现因饲料资源紧缺,年供应量压缩到450万千克,而且政府因造路需要,要征用土地1740米^2,猪舍面积要压缩到5000米^2。现要求计算出在保证最佳经济效益条件下各猪群的合理规模应调整到多少头。

1. 第一步收集有关已知的信息资料

收集信息资料要稍多一些,以供今后查考或备用。本例收集的信息资料见表6-2。

表6-2 收集已知资料信息表

项目		猪群类别					总计	约束条件
		经产母猪 (X_1)	成年公猪 (X_2)	后备种猪 (X_3)	保育仔猪 (X_4)	育肥猪 (X_5)		
现饲养头数/头		500	20	150	7650	7200	15520	—
现占用猪栏面积/米^2	平均一头	3.6	9.0	1.2/2=0.6	0.56/4=0.14	1.0/2=0.5	—	—
	合计	1800	180	90	1071	3600	6741	5000

续表

项目		猪群类别					总计	约束条件
		经产母猪 (X_1)	成年公猪 (X_2)	后备种猪 (X_3)	保育仔猪 (X_4)	育肥猪 (X_5)		
现消耗饲料量/千克	平均每头每天	4.0	2.0	2.5	1.2	2.5	—	—
	合计	730000	14600	67500（养180天）	688500（养75天）	3060000（养170天）	4560600	4500000
现有年净利润/元	平均一头	900	750	600	100	200	—	—
	合计	450000	15000	90000	765000	1440000	2760000	—

2. 第二步建立数学模型

目标函数：$Y_{max} = 900X_1 + 750X_2 + 600X_3 + 100X_4 + 200X_5$

约束方程：

$$\begin{cases} 3.6X_1 + 9.0X_2 + 0.6X_3 + 0.14X_4 + 0.5X_5 \leqslant 5000 \\ 1460X_1 + 730X_2 + 450X_3 + 90X_4 + 425X_5 \leqslant 4500000 \\ X_2 \geqslant 18 \\ X_1/X_2 \leqslant 25 \\ X_3/X_1 \geqslant 0.33 \\ X_4/X_1 \geqslant 18 \\ X_5/X_1 \geqslant 16 \end{cases}$$

3. 第三步在电子表格工作表上制作基本数据单

电子表格是输入和输出数据的载体，本例制作的工作表基本数据单的形式及基本数据见图6-2。

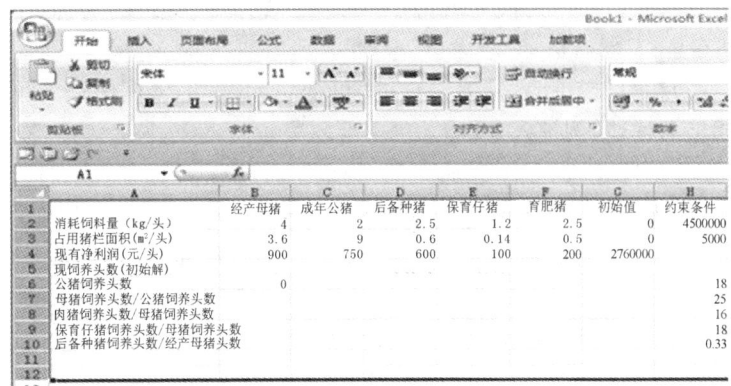

图 6-2 利用电子表格工作表制作基本数据单

4. 第四步规划求解

(1)在 Excel 2007 版中,用鼠标左键依次选中功能区的"数据"选项卡—"分析"组中"规划求解"按钮,生成"规划求解参数"对话框,即可进行运算;若是 Excel 2003 版,则要依次选中"工具"菜单—"规划求解"命令,生成"规划求解参数"对话框,然后进行运算。如果找不到"规划求解"命令,则需加载"加载宏"。方法:点击"工具"菜单—"加载宏"命令,在"加载宏"对话框中勾选"规划求解",再点击"确定"即可,这样再次点击"工具"菜单时就可见"规划求解"的命令了,点击该命令,生成"规划求解参数"对话框(图 6-3)。

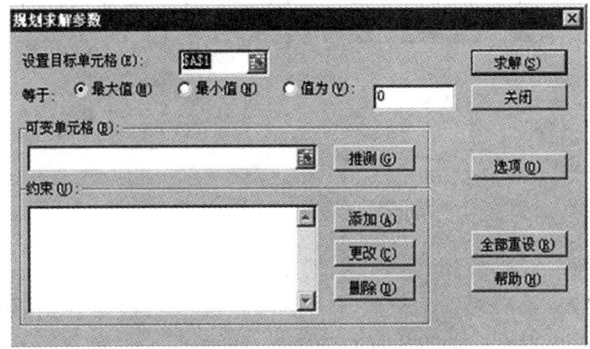

图 6-3 "规划求解参数"对话框

(2)在"目标单元格"编辑框中,键入"目标单元格"的名称(本例为$G$4),然后选择"最大值"选项。

(3)在"目标单元格"编辑框的"可变单元格"编辑框中输入可变单元格名称,本例键入$B$5:$F$5。

(4)在"目标单元格"编辑框的"约束"窗口中,点"添加"按钮,产生"添加约束"对话框(图6-4),每按一次"添加"按钮,增加一个相应的约束条件。如果有错误,也可删除和更改。本例共添加了7组约束条件:$G$2≤$H$2,$G$3≤$H$3,$C$5≥$H$6,$D$5≥0.33*$B$5,$E$5≥18*$B$5,$F$5≥16*$B$5,$B$5≤25*$C$5。完成后按"确定"键,回到"规划求解参数"对话框(图6-5)。

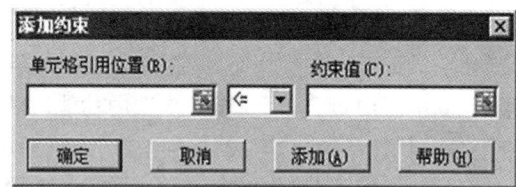

图6-4 "添加约束"对话框

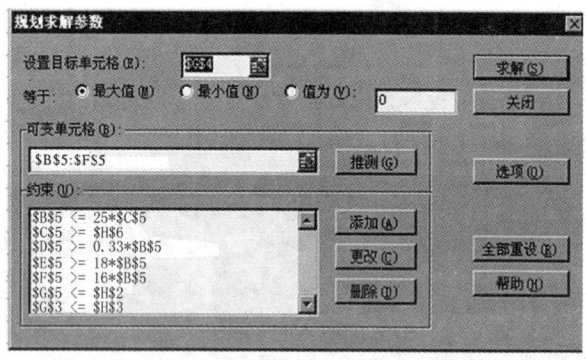

图6-5 填好数据后的"规划求解参数"对话框

(5)按"选项"按钮,进入"规划求解选项"对话框(图6-6),选中"采用线性模型"、"假定非负"和"正切函数",其他条件选默认值,完成后按"确定"键,回到"规划求解参数"对话框。

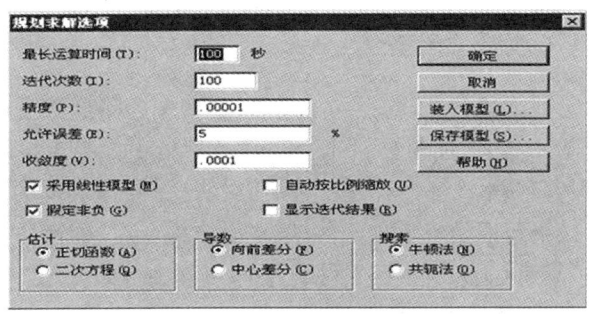

图 6-6 "规划求解选项"对话框

（6）按"求解"按键,开始计算,进入"规划求解结果"对话框（图6-7）,运算后会出现一个计算结果框,在报告窗口中显示有三张报告:运算结果报告、敏感性报告和极限值报告。一般我们选择"运算结果报告",就会出来运算结果表（图6-8）。若需要还可打开"敏感性报告"和"极限值报告"。至此,规划求解工作完成。但在运算过程中如果公式输入有误,这时规划求解会显示"规划求解找不到有用的解",或显示"设置目标单元格的值未收敛"等提示,这时需要检查和修正公式或修改数据,重新进行计算,直到获得满意的结果为止。

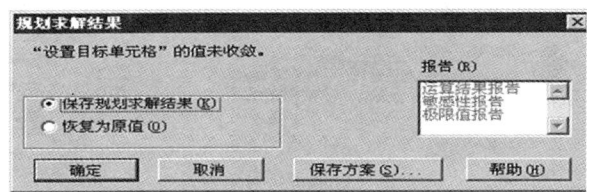

图 6-7 "规划求解结果"对话框

	A	B	C	D	E	F	G	H
1		经产母猪	成年公猪	后备种猪	保育仔猪	育肥猪	初始值	约束条件
2	消耗饲料量（kg/头）	4	2	2.5	1.2	2.5	0	4500000
3	占用猪栏面积（m²/头）	3.6	9	0.6	0.14	0.5	0	5000
4	现有净利润（元）/头	900	750	600	100	200	3477600	
5	现饲养头数（初始解）	450	18	148.5	8100	7200		
6	公猪饲养头数		0					18
7	母猪饲养头数/公猪饲养头数							25
8	肉猪饲养头数/母猪饲养头数							16
9	保育仔猪饲养头数/母猪饲养头数							18
10	后备种猪饲养头数/经产母猪头数							0.33
11								

图 6-8 规划求解结果

5. 第五步得出结论

通过第四步的计算,取得如下结果:本例中各猪群合理饲养头数为经产母猪450头、成年公猪18头、后备种猪148(148.5取整数为148)头、保育仔猪8100头、育肥猪7200头,一年净利润为3477600元。计算结果与原始资料相比,由于猪群结构合理,尽管母猪头数减少50(450＜500)头,但年净利润反而可增加717600(3477600＞2760000)元,表明有明显效果。

附　录

在这里,笔者收集了一些在实践本书过程中要经常查考的资料,为读者在工作中提供方便。

附表1　各种猪产生的CO_2、水汽和热量(气温10℃,湿度70%)

家畜种类	体重/千克	CO_2/(升/时)	水汽/(克/时)	热量/(千焦/时) 可感热	总热
空怀及妊娠1~3个月的母猪	100	36	101	736	1017
	150	42	118	849	1176
	200	48	134	1079	1351
妊娠4个月的母猪	100	43	120	841	1205
	150	50	141	1033	1418
	200	57	160	1167	1607
哺乳母猪	100	87	242	1774	2443
	150	99	276	2029	2782
	200	114	320	2347	3213
二月龄内仔猪	15	17	46	331	460
后备猪和育肥幼猪	60	33	92	669	929
	80	38	107	791	1079
	90	41	114	833	1142
种公猪	100	44	123	895	1234
	200	57	161	1159	1611
	300	77	216	1452	2163
大肥猪	100	47	132	967	1326
	200	63	175	1268	1757
	300	83	230	1695	2314

来源:东北农学院.家畜环境卫生学[M].2版.北京:农业出版社,1990:274.

附录2 不同温度时的最大水汽压

单位:百帕

整数温度/℃	小数点后温度/℃									
	0	0.1	0.2	0.3	0.4	0.5	0.6	0.7	0.8	0.9
−5	4.2	4.2	4.1	4.1	4.1	4.1	4.0	4.0	4.0	3.9
−4	4.5	4.5	4.5	4.4	4.4	4.4	4.3	4.3	4.3	4.2
−3	4.9	4.9	4.8	4.8	4.7	4.7	4.7	4.6	4.6	4.6
−2	5.3	5.2	5.1	5.1	5.1	5.1	5.0	5.0	5.0	4.9
−1	5.7	5.6	5.6	5.5	5.5	5.5	5.4	5.4	5.3	5.3
0	6.1	6.2	6.2	6.3	6.3	6.4	6.4	6.5	6.5	6.6
1	6.6	6.6	6.7	6.7	6.8	6.8	6.9	6.9	7.0	7.0
2	7.1	7.1	7.2	7.2	7.3	7.3	7.4	7.4	7.5	7.5
3	7.6	7.6	7.7	7.7	7.8	7.9	7.9	8.0	8.0	8.1
4	8.1	8.2	8.2	8.3	8.4	8.4	8.5	8.5	8.6	8.7
5	8.7	8.8	8.8	8.9	9.0	9.0	9.1	9.2	9.2	9.3
6	9.3	9.4	9.5	9.5	9.6	9.7	9.7	9.8	9.9	9.9
7	10.0	10.1	10.1	10.2	10.3	10.3	10.4	10.5	10.5	10.6
8	10.7	10.8	10.8	10.9	11.0	11.1	11.1	11.2	11.3	11.4
9	11.4	11.5	11.6	11.7	11.7	11.8	11.9	12.0	12.1	12.2
10	12.2	12.3	12.4	12.5	12.5	12.6	12.7	12.8	12.9	13.0
11	13.1	13.1	13.2	13.3	13.4	13.5	13.6	13.7	13.8	13.9
12	13.9	14.0	14.1	14.2	14.3	14.4	14.5	14.7	14.7	14.8
13	14.9	15.0	15.1	15.2	15.3	15.4	15.5	15.6	15.7	15.8

来源:东北农学院.家畜环境卫生学[M].2版.北京:农业出版社,1990:272.

附表3 不同温度下排气管中的气流速度

单位:米/秒

温差/℃	排气管高度/米						
	4.0	5.0	6.0	7.0	8.0	9.0	10.0
6	0.54	0.73	0.80	0.87	0.92	0.98	1.03
8	0.76	0.84	0.93	1.00	1.07	1.14	1.20
10	0.85	0.95	1.05	1.12	1.20	1.28	1.34
12	0.93	1.05	1.15	1.24	1.32	1.41	1.48
14	1.01	1.13	1.24	1.34	1.43	1.52	1.60
16	1.09	1.22	1.33	1.44	1.54	1.63	1.72
18	1.16	1.29	1.42	1.53	1.64	1.74	1.83
20	1.20	1.37	1.50	1.62	1.73	1.84	1.94
22	1.29	1.44	1.58	1.71	1.82	1.94	2.04
24	1.35	1.51	1.66	1.79	1.91	2.03	2.14
26	1.41	1.58	1.73	1.87	2.00	2.12	2.24
28	1.47	1.65	1.80	1.95	2.08	2.21	2.33
30	1.52	1.71	1.87	2.02	2.16	2.30	2.42
32	1.59	1.77	1.94	2.10	2.24	2.38	2.51
34	1.64	1.84	2.01	2.17	2.32	2.46	2.60
36	1.69	1.90	2.08	2.24	2.40	2.54	2.68
38	1.75	1.96	2.14	2.32	2.47	2.62	2.77
40	1.80	2.02	2.21	2.39	2.55	2.70	2.85

来源:东北农学院.家畜环境卫生学[M].2版.北京:农业出版社,1990:274.

附表4　猪舍某些建筑材料的导热系数(天然湿度下)

材　料	密度/(千克/米^3)	导热系数λ/[千焦/(米·时·℃)]
沥青地面	1800	2.59
钢筋混凝土	2200	5.56
麻　絮	160	0.17
砖　坯	1800	2.93
土坯(加草)	1600	2.51
屋面内黏土砂浆涂抹层(干)	1600	2.51
屋面内草泥涂抹层	800	1.05
黏土—锯末	1300	1.88
松杉木	560	0.63
刨　花	300	0.42
锯　末	250	0.33
胶合板	600	0.63
洋铁皮	7500	209.2
油毡纸、油纸等	600	0.63
普通砖砂浆	1800	2.93
水泥砂浆(水泥加砂)	1800	3.35
秸(谷)草板$_1$	150	0.21
秸(谷)草板$_2$	320	0.34
芦　苇	175	0.21
芦苇板	360	0.38
碎草(随便填入)	120	0.17
普通玻璃	2500	2.72
炉　灰	1000	1.05
矿渣砖	1100～1400	1.51～2.09

来源:东北农学院.家畜环境卫生学[M].2版.北京:农业出版社,1990:278.

附表5 不同浓度酒精配制表

单位:毫升

原浓度/%	所需原浓度酒精的体积								
	稀释后的浓度/%								
	95	90	85	80	75	70	60	50	40
100	93.70	88.31	80.29	78.54	72.68	64.97	57.85	48.20	38.67
95		93.97	88.23	82.68	77.20	71.84	61.34	51.04	40.90
90			93.84	87.87	82.04	76.30	68.04	54.11	43.33
85				93.90	87.34	81.22	69.22	57.49	46.01
80					93.26	85.19	73.85	61.31	49.02
75						92.91	79.08	65.61	52.43
70							85.05	70.83	56.31

注:表中数据为配制100毫升溶液时所需的原浓度酒精的体积。

参考文献

[1] 李炳坦,赵书广,郭传甲.养猪生产技术手册[M].2版.北京:中国农业出版社,2004.

[2] 陈润生.猪生产学[M].北京:中国农业出版社,1995.

[3] 东北农学院.家畜环境卫生学[M].2版.北京:农业出版社,1990.

[4] 浙江省农业厅畜牧局,浙江省畜牧兽医学会.规模养猪手册[M].杭州:浙江科学技术出版社,1997.

[5] 施启顺,柳小春.养猪业中的杂种优势利用[M].长沙:湖南科学技术出版社,1997.

[6] 王楚端,张沅.猪杂交繁育体系最优化研究[J].中国农业大学学报,1996,1(3):87-92.

[7] 李德发.猪的营养[M].北京:中国农业大学出版社,1996.

[8] 朱尚雄.中国工厂化养猪实用新技术[M].北京:农业出版社,1992.

[9] 国家研究委员会.猪营养需要[M].10次修订版.谯仕彦,郑春田,姜建阳,等,译.北京:中国农业大学出版社,1998.

[10] 笹崎龙雄.养猪大成[M].3版.北京:农业出版社,1988.

[11] 陈传群,杨月琴.配合饲料资源综合开发技术[M].上海:上海科学技术出版社,1994.

[12] 于凡,潘永杰,张茂.冬季猪舍的保温措施[J].养猪,2010(6):52-53.

[13] 吕惠序.冬季养猪要注意做好保温及通风[J].养猪,2010(6):49-51.

[14] 顾小根.无公害畜禽生产技术手册[M].北京:中国农业科学技术出版社,2004.

[15] 张达军,汤海林.规模化养猪生产技术[M].长沙:湖南科学技术出版社,1998.

[16] 陈国宇.集约化猪场各类猪栏数的快速计算方法[J].养猪,2000(3):34-35.

[17] 米文正,曹日亮.养猪工厂各类猪栏的测算[J].养猪,1995(1):24.

[18] 杨文科,陈健雄,张建远,等.养猪场生产技术与管理[M].北京:中国农业大学出版社,1998.

[19] 徐士清.瘦肉型猪高效饲养手册[M].上海:上海科学技术出版社,1999.

[20] 徐士清.仔猪生产手册[M].上海:上海科学技术出版社,2001.

[21] 曹洪战,芦春莲.商品瘦肉猪标准化生产技术[M].北京:中国农业大学出版社,2003.

[22] 王建彬,芦新兰,卢丽,等.EM 生态技术对育肥猪生产增效减污的研究[J].猪业科学,2009(10):62-64.

[23] 薛晓生,王碧莲,周围,等.小肽营养研究新进展[J].饲料研究,2000(6):19-20.

[24] 林亦孝.广东华农温氏良种猪杂交繁育体系建立的探讨[D].武汉:华中农业大学,2006.

[25] 孙奕南.不同杂交组合猪生产性能及经济效益分析[J].养猪,1991(2):19-20.

[26] 郭建凤,刘畅,王诚,等.杜洛克、长白与大蒲猪杂交商品猪生长肥育性能、胴体品质及肉质研究[J].养猪,2011(2):26-28.

[27] 李瑜鑫,王洪辉,刘锁柱,等.不同杂交组合商品猪肥育试验[J].四川畜牧兽医,2000,27(6):26.

[28] 张代坚,余崇达,李剑豪,等.瘦肉猪不同杂交组合对比试验[J].养猪,1993(2):22-23.

[29] 刘文忠.家畜合成群体保留杂种优势的预测与培育效果评价[J].遗传,2009,31(8):791-798.

[30] 龙健,顾平生,杨春珂,等.瘦肉型三元杂交组合筛选试验研究[J].云南畜牧兽医,1991(1):18-19.

[31]张保良.规模化猪场技术管理概论[J].养猪,2011(2):38-40.
[32]王孝志,张保良.科学养猪新理念[J].猪业科学,2009(9):96-97.
[33]吴迪梅.北京地区养猪工艺与相关问题[J].猪业科学,2009(9):43-44.
[34]徐宁迎,严竞天.EXCEL电子表格与生物统计[M].北京:中国农业科学技术出版社,2000.
[35]武继勇.猪场驱除苍蝇的方法[J].猪业科学,2009(6):63-64.
[36]卢真真,吴中红,王美芝,等.湿帘风机降温系统对鸡舍必需通风量的影响[J].中国畜牧杂志,2008,44(23):50-54.
[37]朱勇文.湿饲系统卫生条件的控制[J].猪业科学,2012(3):86-87.
[38]周仲儿.利用Excel电子表格进行优化饲料配方[J].中国畜牧杂志,2000,36(4):41-42.
[39]黄瑞华.生猪无公害饲养综合技术[M].北京:中国农业出版社,2003:128-129.